■□ ゼロからはじめる

XPERIA 5 V
エクスペリア ファイブ マークファイブ　Xperia 5 V

◎ スマートガイド

共通版

JN127014

技術評論社

■ CONTENTS

Chapter 1

Xperia 5 V の基本技

Chapter 2

Web と Google アカウントの便利技

Chapter 3

写真や動画、音楽の便利技

■ CONTENTS

Chapter 4

Googleのサービスやアプリの便利技

Chapter 5

さらに使いこなす活用技

Xperia 5 Vの基本技

Chapter

1

Section **001**

OS • Hardware

Xperia 5 Vについて

Xperia 5 Vは、ソニー製のAndroidスマートフォンです。スマホとは思えないような高いカメラ性能で、きれいな写真や動画が撮影できたり、ワンランク上の音質で音楽を楽しむことができたりします。また、大容量のバッテリーを搭載しているので、スマホを一日中使いたいという人も安心して使うことができます。

2024年10月に発売されたXperia 5 Vは、Android OSの最新バージョン「13」を搭載しているので、Googleの最新機能を利用することができます。Xperia 5 VやGoogleサービスの利用状況などもかんたんに把握することもできます。

■ Xperia 5 Vの仕様

OS	Android 13
ディスプレイ	約6.1インチ、有機EL、Full HD+、リフレッシュレート120Hz、HDR対応
重量	約182g
CPU	Snapdragon® 8 Gen 2 Mobile Platform
メモリ（RAM）	8GB
メモリ（ROM）	128GB （SIMフリーモデルは256GB）
外部メモリ	microSDXC （最大1TB）
バッテリー容量	5000mAh
バッテリー性能	いたわり充電、ワイヤレス充電
Wi-Fi	IEEE802.11a/b/g/n/ac/ax
外部デバイス	USB Type-C
防水	PX5/IPX8
防塵	IP6X
生体認証	○（指紋認証）
メインカメラ	6mm（超広角）　有効画素数約1200万画素/F値2.2 24mm（広角）　有効画素数約4800万画素（記録画素数約1200万画素）/F値1.9 8mm（広角）　有効画素数約1200万画素/F値1.9
フロントカメラ	有効画素数約1200万画素/F値2.0

各通信事業者とSIMフリー版について

ソニー Xperia 5 Vは、Android OSを搭載したAndroidスマートフォンです。同社の直販サイトではSIMフリー版が約14万円（税込）で販売されており、価格的にはハイエンドクラスの端末といえます。

Xperia 5 Vは、直販のSIMフリー版以外にもNTTドコモ、au、楽天モバイルの各社から販売されています。本書の解説は、主にau版のXperia 5 Vを使って行いますが、楽天モバイル版やSIMフリー版については、ほとんど同じように操作することができます。また、NTTドコモ版については、初期状態ではホーム画面が大きく異なりますので、P.155を参考にホーム画面を「Xperiaホーム」に変更していただくことを前提にしています。基本的な機能や操作は共通ですが、各社独自のアプリがインストールされていたり、楽天モバイル版は通話やSMSを「Rakuten Link」アプリから行ったりと、一部仕様が異なります。各社独自の仕様については、本書では紹介していないので、ご了承ください。なお、本書では誌面で画面が見やすいようダークモードを解除した状態で解説をしています。

●au版の画面

●楽天モバイル版の画面

●ドコモ版の画面

OS • Hardware

各部名称を確認する

Xperia 5 V本体の各部名称を確認しておきましょう。なお、名称はau版のXperia 5 Vの記述を元にしています。

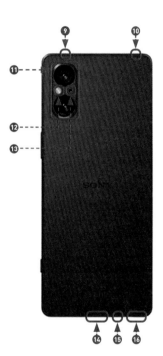

❶	ディスプレイ（タッチパネル）	❾	セカンドマイク
❷	フロントカメラ	❿	ヘッドセット接続端子
❸	受話口／スピーカー	⓫	メインカメラ
❹	接近／照度センサー	⓬	フラッシュ／フォトライト
❺	音量キー／ズームキー	⓭	サードマイク
❻	電源キー／指紋センサー	⓮	USB Type-C接続端子
❼	シャッターキー	⓯	送話口／マイク
❽	スピーカー	⓰	microSDメモリーカード／SIMカード挿入口

電源を入れる

Xperia 5 Vの電源をオンにしてみましょう。購入したばかりの状態では、先に充電が必要な場合があります。なお、初めて電源をオンにした場合、初期設定画面が表示されますが、ここでは解説を省略しています。

1 電源キーを本体が振動するまで長押しします。

長押しする

2 ロック画面が表示されます。画面を上方向にスワイプします。

スワイプする

3 ホーム画面が表示されます。

12:53
12月22日金曜日

Game enhancer　フォト　YouTube　Video Creator

MEMO ロック画面とアンビエント表示

Xperia 5 Vには、スリープ状態（P.12）での画面に日時などの情報を表示する「アンビエント表示」機能があります（P.169参照）。ロック画面と似ていますが、スリープモードのため手順**2**の操作を行ってもロックは解除されません。画面をダブルタップするか、電源キーを押して、ロック画面を表示してから手順**2**の操作を行ってください。

11

ロック画面とスリープ状態

OS • Hardware

Xperia 5 Vの画面点灯中に電源キーを押すと、画面が消灯してスリープ状態になります。スリープ状態で電源キーを押すと、画面が点灯してロック画面が表示されます。ロック画面で上方向にスワイプするか、ロックNo.や生態認証を設定している場合は解除操作を行うと、ホーム画面が表示されます。

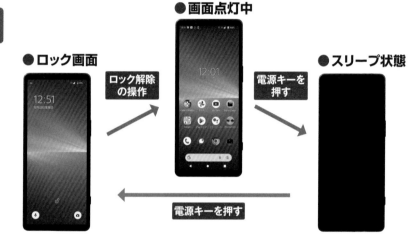

● 画面点灯中

● ロック画面

ロック解除
の操作

● スリープ状態

電源キーを
押す

電源キーを押す

ロック画面には、時刻、通知、「カメラ」アプリの起動ショートカットなどが表示されます。通知をロック画面に表示しないようにすることもできます。

スリープ状態では画面が消灯しています。

MEMO 画面が消灯するまでの時間を設定する

Xperia 5 Vを操作せずに指定した時間が経過すると、自動的に画面が消灯してスリープ状態に移行します。スリープになる時間は、アプリ画面で[設定]をタップして、[画面設定] → [画面消灯]の順にタップすることで、15秒～10分の時間を選択できます。

タッチパネルの使いかた

OS・Hardware

Xperia 5 Vのディスプレイはタッチパネルです。指でディスプレイをタッチすることで、いろいろな操作が行えます。ここでは、タッチパネルの基本操作を確認しましょう。なお、操作の名称はau版のXperia 5 Vを元にしています。

タップ／ダブルタップ

画面を軽く叩くように、触れてすぐに指を離します。また、ダブルタップは素早く2回連続でタップします。

ロングタッチ（長押し）

項目などに指を触れた状態を保ちます。項目によっては利用できるメニューが表示されます。

スライド／ドラッグ

画面に軽く触れたまま、目的の方向や位置へなぞります。

スワイプ（フリック）

画面を指ですばやく上下左右にはらうように操作します。

ピンチ

2本の指で画面に触れたまま指を開いたり（ピンチアウト）、閉じたり（ピンチイン）します。

MEMO タッチパネルがうまく動作しない

ディスプレイに保護シールなどが貼ってあったり、水滴が付着していると、タッチパネルに指を触れても動作しない、または誤動作の原因になります。

OS・Hardware

ホーム画面の見かた

ホーム画面は、アプリや機能などにアクセスしやすいように、ウィジェットやステータスバー、ドックなどで構成されています。まずはホーム画面の各部を確認しておきましょう。

ウィジェット
ホーム画面上に配置できる簡易的なアプリです。標準では、時計エモパーのウィジェットが表示されています。

ステータスバー
お知らせを表示する通知アイコンや、本体の状態を知らせるステータスアイコンなどが表示されます。

アプリアイコン
Xperia 5 Vにインストールされているアプリのショートカットです。タップしてアプリを起動することができます。

フォルダ
ホーム画面のアプリアイコンを、まとめたり分類できます。

ドック
すべてのホーム画面で表示されるエリアで、よく使うアプリアイコンなどを配置できます。

クイック検索ボックス
Google検索のウィジェットです。ここからGoogle検索やGoogleレンズを利用できます。Google検索バーともいいます。

最近使用したアプリ
ホーム画面やアプリ利用中にタップすると、最近使用したアプリが一覧表示され、アプリを使用したり切り替えたりできます。

戻る
タップすると、1つ前の画面に戻ります。メニューや通知パネルなどを閉じることもできます。

ホーム
タップすると、ホーム画面が表示されます。ロングタッチすると、Googleアシスタントが起動します。

ホーム画面を切り替える

Xperia 5 Vでは、ホーム画面のページを切り替えることができます。また、ホーム画面からGoogle Discoverを表示できます。

1 Xperia 5 Vを起動すると、ホーム画面の一番左のページが表示されます。左方向にスワイプします。

2 右のページが表示されます。画面を右方向にスワイプします。

3 手順**1**の画面に戻ります。画面を右方向にスワイプします。

4 Google Discover（P.67参照）の画面が表示されます。

15

OS • Hardware

アプリを起動する

アプリの起動は、「アプリ画面」を表示して行います。「アプリ画面」には、インストールされているアプリがすべて表示されています。なお、「アプリ画面」は、「アプリ一覧画面」や「アプリの一覧画面」ともいいます。

1 ホーム画面を表示し、上方向にスワイプします。

スワイプする

2 アプリ画面が表示されます。起動したいアプリのアイコン（ここでは［設定］）をタップします。

タップする

3 「設定」アプリが起動します。他のアプリを表示したい場合は、アプリを切り替えるか（P.17参照）、同じ操作で別のアプリを起動します。

設定

Q 設定を検索

📶 ネットワークとインターネット
モバイル、Wi-Fi、アクセス ポイント

📳 機器接続
Bluetooth、Android Auto、NFC

📱 アプリ
アプリの権限、標準アプリ

🔔 通知
通知履歴、会話

🔋 バッテリー
35% - 完了まであと 15 時間 21 分

MEMO ホーム画面からアプリを起動する

ホーム画面にアプリのショートカットが配置されていれば、そのアイコンをタップすることでもアプリを起動できます。よく利用するアプリは、ホーム画面のタップしやすいところに配置しておきましょう（P.30参照）。

アプリを切り替える

OS・Hardware

アプリを利用中などに、別のアプリに切り替えられます。最近使用したアプリであれば、
■（最近使用したアプリ）をタップして、すぐに切り替えられます。

1 アプリ起動中やホーム画面で■を
タップします。

2 最近使用したアプリがサムネイル
で一覧表示されます。画面を左
右にスワイプします。

3 表示したいアプリをタップします。

4 アプリが表示されます。

OS • Hardware

アプリを終了する

最近のAndroid OSでは、自動的にメモリや電力の管理をしてくれるので、基本的に手動でアプリを終了する必要はありませんが、履歴を削除することで、画面を整理できます。

1 P.17手順2の画面を表示し、左右にスワイプして、終了したいアプリを表示します。

2 終了したいアプリを上方向にフリックします。

3 アプリが終了し、履歴も削除されます。

4 履歴をすべて消去したい場合は、右方向にフリックして左端を表示し、[すべてクリア] をタップします。

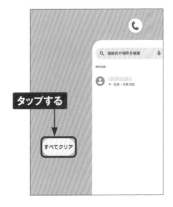

OS・Hardware

システムナビゲーションを設定する

端末の設定によっては、画面下部の3つのボタン（キーアイコン）が表示されない場合があります。本書では、このキーアイコンが表示されている状態で解説を行っているので、キーアイコンが表示されるように設定を変更しましょう。

1 画面下部にキーアイコンが表示されていない場合は、P.16の手順を参考にして、「設定」アプリを起動します。

2 「設定」画面で、[システム] をタップします。

3 [ジェスチャー] をタップします。

4 [システムナビゲーション] をタップします。

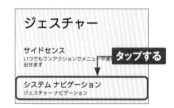

5 [3ボタンナビゲーション] をタップすると、画面下部にキーアイコンが表示されるようになります。

OS・Hardware

音量キーで音量を操作する

音楽や動画などのメディア、通話、着信音と通知、アラームのそれぞれの音量は、音量キーから調節することができます。

1 音量キーの上、または音量キーの下を押します。

押す

2 音量キーの上、または音量キーの下を何度か押すか、表示された音量メニューのスライダーをスワイプして音量を変更します。

スワイプする

3 音量メニューの ••• をタップします。

タップする

4 「音設定」画面が表示され、個別に音量を設定することができます。

音設定

♪ メディアの音量

📞 通話音量

🔔 着信音と通知音の音量

⏰ アラームの音量

設定　　　　　　　　　完了

電源をオフにする

OS・Hardware

電源をオフにする場合は、電源キーと音量キーの上を同時に押して電源メニューを表示してから行います。

1 ロックを解除した状態で、音量キーの上と電源キーを同時に押します。

押す

2 電源メニューが表示されるので、[電源を切る] をタップすると、電源がオフになります。

タップする

3 手順2の画面で [緊急通報] をタップすると、警察や消防にワンタップで発信することができます。

緊急

所有者

緊急情報を表示 >

緊急通報番号   ⊙日本

110 に発信
警察

119 に発信
救急車、消防

MEMO ロックダウンとは

指紋認証を設定している場合は、電源メニューに「ロックダウン」が表示されます。これをタップすると、指紋認証が機能しなくなり、ロックNo.（PIN）もしくはパスワードを入力する必要があります。

OS・Hardware

情報を確認する

画面上部に表示されるステータスバーや通知パネルから、さまざまな情報を確認すること
ができます。ここでは、通知される表示の確認方法や、通知を削除する方法を紹介します。

ステータスバーの見かた

通知アイコン

不在着信や新着メール、実行中の作業など、アプリからの通知を表すアイコンです。

ステータスアイコン

電波状態やバッテリー残量など、主にXperia 5 Vの状態を表すアイコンです。

通知アイコン		ステータスアイコン	
M	新着Gmailメールあり	⊙	GPS測位中
+	新着+メッセージあり	⑪	マナーモード（バイブレーション）設定中
✉	新着メールあり	📶	Wi-Fi接続中および接続状態
✆	不在着信あり	📶	電波の状態
⊙⊙	留守番電話／伝言メモあり	▯	バッテリー残量
●	表示されていない通知あり	✳	Bluetooth接続中

22

📱 通知を確認する

1 メールや電話の通知、Xperia 5
Vの状態を確認したいときは、ス
テータスバーを下方向にスライドま
たはスワイプします。

スライドする

2 通知パネルが表示されます。表
示される通知の中から不在着信
やメッセージの通知をタップする
と、対応するアプリが起動します。
通知パネルを上方向にスライドす
ると、通知パネルが閉じます。

通知が表示される

📱 通知パネルの見かた

❶	クイック設定パネルの一部が表示されます（P.24参照）。
❷	通知やXperia 5 Vの状態が表示されます。左右にスワイプすると通知が消えます（消えない通知もあります）。
❸	通知によっては通知パネルから「かけ直す」などの操作が行えます。
❹	通知内容が表示しきれない場合にタップして閉じたり開いたりします。
❺	「サイレント」には音やバイブレーションが鳴らない通知が表示されます。
❻	タップすると通知の設定を変更することができます。
❼	タップするとすべての通知が消えます（消えない通知もあります）。

OS • Hardware

クイック設定パネルを利用する

クイック設定パネルの機能ボタンから主要な機能のオン/オフを切り替えたり、設定を変更したりすることができます。「設定」アプリよりもすばやく使うことができるうえに、オン/オフの状態をひと目で確認することができます。クイック設定パネルは、ロック画面からも表示可能です。

■ クイック設定パネルを表示する

1 ステータスバーを2本の指で下方向にスライドすると、クイック設定パネルが表示されます。機能ボタンをタップすると、機能のオン/オフを切り替えられます。画面を左方向にスライドします。

2 次のパネルが表示されます。◀をタップすると、パネルが閉じます。

スライドする

画面の明るさを調節する

電源メニューを表示

「設定」アプリを開く

MEMO 機能ボタンのそのほかの機能

一部の機能ボタンを長押しすると、「設定」アプリの該当項目が表示されて、詳細な設定を行うことができます。手順**2**の画面で、右下の◙をタップすると、「設定」アプリを開くことができます。また、画面上部のスライダーを左右にドラッグすると、画面の明るさを調節することができます。

■ クイック設定パネルを編集する

クイック設定パネルの機能ボタンは編集して並び替えることができます。よく使う機能の機能ボタンを上位に配置して使いやすくしましょう。また、非表示になっている機能ボタンを追加したり、あまり使わない機能ボタンを非表示にすることもできます。

1 P.24手順**1**の画面を左にスワイプします。

スワイプする

2 次のページに移動してほかの機能ボタンが表示されます。◢をタップすると、編集モードになります。

タップする

3 編集モード中に機能ボタンを長押ししてドラッグすると、並び替えることができます。

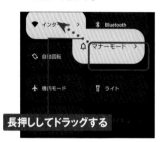

長押ししてドラッグする

4 画面の下部には非表示の機能ボタンがあります。機能ボタンを長押しして上部にドラッグするとクイック設定パネルに追加することができます。

非表示のタイル

長押しして
ドラッグする

MEMO 機能ボタンの配置を元に戻す

編集モードで、右上の**⋮**→ [リセット] をタップすると、機能ボタンの配置を初期状態に戻すことができます。

OS・Hardware

マナーモードを設定する

マナーモードは、機能ボタンや音量キーから設定できます。マナーモードには、「バイブ」と「バイブなし」の2つのモードがあります。なお、マナーモード中でも、音楽などのメディアの音声は消音されません。

機能ボタンから設定する

1 スタータスバーを2本指で下方向にスライドします。

2 クイック設定パネルが表示されます。左方向にスワイプします。

3 マナーモード（OFF）をタップします。マナーモード（バイブ）が設定されます。再度タップします。

4 マナーモード（バイブなし）が設定されます。再度タップすると、マナーモードが解除されます。

■ 音量キーから設定する

1 音量キーを押します。

押す

2 [マナー OFF] をタップします。

タップする

3 表示されたマナーモードを選んで（ここでは [バイブ]）、タップします。

タップする

4 マナーモード（バイブ）が設定されます。同様の操作で、マナーモード（バイブなし）やマナーモードの解除が設定できます。

OS • Hardware

ジェスチャーで操作する

Xperia 5 Vでは、画面のタッチ操作以外にキーを押したり、画面をタップしたりすることで行える特定の操作（ジェスチャー）を利用することができます。たとえば、電源キーを2度押してカメラを起動できるなどのジェスチャーが用意されています。

1 P.16を参考にアプリ画面を表示し、[設定] → [システム] の順にタップします。

3 [電源ボタンオプション] をタップします。楽天モバイル版は、この画面で [カメラを起動] をタップして、[ON] に設定します。

2 [ジェスチャー] をタップします。

4 [カメラ]をタップしてオンにします。電源ボタンを2回押すと、カメラアプリの「Photography Pro」が起動します。

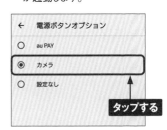

MEMO 片手モード

手順3の画面で [片手モード] をオンにすると、画面全体が下がって表示されます。画面上部の表示に親指が届いて、片手で操作しやすくなります。

サイドセンスを利用する

OS • Hardware

Xperia 5 Vには、「サイドセンス」という機能があります。画面右端のサイドセンスバーを
ダブルタップしてメニューを表示したり、スライドしてバック操作を行ったりすることが可能で
す。

1 ホーム画面などで端にあるサイド
センスバーをダブルタップします。
初回は [OK] をタップします。

2 サイドセンスメニューが表示されま
す。上下にドラッグして位置を調
節し、起動したいアプリ（ここでは
[設定]）をタップします。

3 タップしたアプリが起動します。

MEMO サイドセンスの そのほかの機能

手順**2**の画面に表示されるサイ
ドセンスメニューには、使用状況
から予測されたアプリが自動的
に一覧表示されます。そのほか、
サイドセンスバーを下方向にス
ライドするとバック操作（直前の
画面に戻る操作）になり、上方
向にスライドすると、マルチウィ
ンドウメニューが表示されます。
なお、手順**2**の画面で🔧をタッ
プすると、設定画面が表示され
ます。

OS • Hardware

アプリアイコンを整理する

標準でインストールされているアプリのアイコンの全部は、ホーム画面に表示されていません。アプリ画面からアイコンをホーム画面に表示することができます。また、アイコンをホーム画面の右端にドラッグすると、ホーム画面のページを増やすことができます。

■ アプリアイコンをホーム画面に追加する

1 アプリ画面を表示します。ホーム画面に追加したいアプリアイコンをロングタッチし、少しドラッグします。

2 ホーム画面に切り替わったら、アイコンを追加したい場所までドラッグします。

3 ホーム画面にアプリアイコンが追加されます。

MEMO アイコンを削除する／アプリをアンインストールする

アプリアイコンをホーム画面から削除するには、アイコンをロングタッチして画面上部の［削除］までドラッグします。一部のアプリでは、［アンインストール］までドラッグすると、アプリがアンインストールされます。

■ アプリアイコンをフォルダにまとめる

1 ホーム画面でアプリアイコンをロングタッチし、フォルダにまとめたい別のアプリアイコンまでドラッグして指を離します。

❶ロングタッチする
❷ドラッグする

2 フォルダが作成されます。フォルダをタップします。

タップする

3 フォルダが開きます。フォルダ名を設定するには、[名前の編集]をタップします。

タップする

名前の編集

4 フォルダ名を入力します。

入力する

SNS

TIPS ショートカットを追加する

ホーム画面には、「連絡帳」アプリの連絡先や、「Chrome」アプリのブックマークなどのショートカットをウィジェット（P.33参照）として追加することもできます。連絡先のショートカットを追加する場合は、連絡先を表示した状態で、⋮→[ホーム画面に追加]の順にタップし、ウィジェットを長押しして、ドラッグして追加します。

タップする

OS・Hardware

分割画面を利用する

画面を上下に分割表示して、2つのアプリを同時に操作することができます。たとえば、Webページで調べた地名をマップで見たり、メールの文面をコピペして別の文書に保存したりといった使い方ができます。

1 P.18手順**2**の画面で、アプリ上部のアイコンをタップします。

2 ［上に分割］をタップします。

3 左右にスワイプして、2つ目のアプリを選んでタップします。

4 2つのアプリが画面上下に分割表示されます。分割バーを上下にドラッグすると、アプリの表示の比率を変えることができます。単独表示に戻すには、バーを画面の一番上または下までドラッグします。

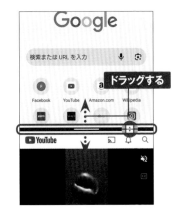

OS • Hardware

ウィジェットを利用する

ウィジェットとは、アプリの一部の機能をホーム画面上に表示するものです。ウィジェット
を使うことで、情報の確認やアプリの起動をかんたんに行うことができます。利用できるウィ
ジェットは、対応するアプリをインストールして追加することができます。

1 ホーム画面をロングタッチし、[ウィ
ジェット] をタップします。

2 利用できるウィジェットが一覧表示
されるので、追加したいウィジェッ
トの項目をタップし、ウィジェットを
ロングタッチして画面上部にドラッ
グします。

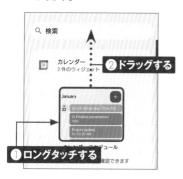

3 ホーム画面に切り替わったら、そ
のまま追加したい場所までドラッグ
して指を離します。

**MEMO ウィジェットを
カスタマイズする**

ウィジェットの中には、ロングタッ
チして上下左右のハンドルをド
ラッグすると、サイズを変更でき
るものがあります。また、ウィ
ジェットをロングタッチしてドラッ
グすると移動でき、ホーム画面
上部の [削除] までドラッグする
と削除できます。

OS・Hardware

クイック検索ボックスを利用する

ホーム画面下部に固定されているクイック検索ボックス（Google検索バーともいう）では、Web検索やインストールしているアプリを見つけることができます。また、GoogleアシスタントとGoogleレンズを起動することもできます。なお、クイック検索ボックスは、非表示にしたり表示位置を変えたりすることはできません。

1 ホーム画面でクイック検索ボックスをタップします。なお、🎤をタップするとGoogleアシスタントが、📷をタップするとGoogleレンズが起動します。

タップする

2 検索欄に検索語を入力します。該当するアプリがある場合はアプリが表示されます。Web検索するには🔍をタップします。

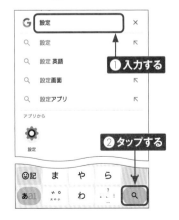

① 入力する

② タップする

3 「Google」アプリが起動して、Web検索の結果が表示されます。

MEMO 検索履歴を利用する

クイック検索ボックスには、手順2の画面のように検索した履歴や候補が表示されます。同じキーワードで検索したい場合は履歴をタップします。

ダークモードで表示する

「設定」アプリ

ダークモードは、黒が基調の画面表示で、バッテリー消費を抑えられます。 なお、本書
はダークモードをオフにした画面で解説しています。

1 アプリ画面で [設定] をタップし、
[画面設定] をタップします。

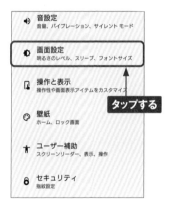

タップする

2 ダークモードの ⬤ をタップしま
す。

タップする

3 ダークモードがオンになります。

MEMO クイック設定パネル から切り替える

P.25を参考に「ダークモード」
を機能ボタンに追加すれば、ク
イック設定パネルからダークモー
ドのオン/オフができます。

35

キーボード

文字を入力する

Xperia 5 Vでは、ソフトウェアキーボードで文字を入力します。「12キー」（一般的な携帯電話の入力方法）や「QWERTY」などを切り替えて使用できます。文字の入力方法は、携帯電話で一般的な「12キー」、パソコンと同じ「QWERTY」、「手書き」、「GODAN」、「五十音」の入力方法があります。なお、本書では「手書き」と「GODAN」、「五十音」は解説しません。

1 ▓ Xperia 5 Vの文字の入力方法

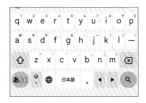

QWERTYを追加する

1 キー入力が可能な画面（ここでは「Google検索」の画面）になると、初回は選択画面が表示されるので［スキップ］をタップします。「12キー」が表示されます。✿ をタップします。

2 ［言語］をタップします。

3 ［日本語］をタップします。

4 ［QWERTY］をタップしてチェックを付け、［完了］をタップします。← を2回タップして手順 **1** の画面に戻ります。

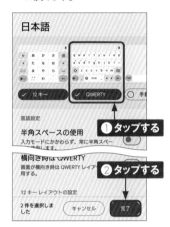

5 ⊕をタップします。

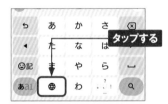

6 QWERTYに変わります。⊕をタップするごとに入力方法が変わります。

12キーで文字を入力する

●トグル入力を行う

1 12キーは、一般的な携帯電話と同じ要領で入力が可能です。たとえば、あを5回→かを1回→さを2回タップすると、「おかし」と入力されます。

2 変換候補から選んでタップすると、変換が確定します。手順 **1** で❤をタップして、変換候補の欄をスワイプすると、さらにたくさんの候補を表示できます。

●フリック入力を行う

1 12キーでは、キーを上下左右にフリックすることでも文字を入力できます。キーをロングタッチするとガイドが表示されるので、入力したい文字の方向へフリックします。

2 フリックした方向の文字が入力されます。ここでは、たを下方向にフリックしたので、「と」が入力されました。

QWERTYで文字を入力する

1 QWERTYでは、パソコンのローマ字入力と同じ要領で入力が可能です。たとえば、g→i→j→uの順にタップすると、「ぎじゅ」と入力され、変換候補が表示されます。候補の中から変換したい単語をタップすると、変換が確定します。

2 文字を入力し、[変換]をタップしても文字が変換されます。

3 希望の変換候補にならない場合は、◀ / ▶をタップして文節の位置を調節します。

4 ↵をタップすると、濃いハイライト表示の文字部分の変換が確定します。

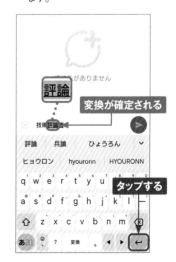

文字種を変更する

1 **あa1**をタップするごとに、「ひらがな漢字」→「英字」→「数字」の順に文字種が切り替わります。「あ」がハイライトされているときには、日本語を入力できます。

2 「a」がハイライトされているときには、半角英字を入力できます。**あa1**をタップします。

3 「1」がハイライトされているときには、半角数字を入力できます。再度**あa1**をタップすると、日本語入力に戻ります。

MEMO **キーボードの切り替え**

キーボードの⊕をタップするごとに、登録してあるキーボードに切り替わります。

絵文字や記号、顔文字を入力する

1 絵文字や記号、顔文字を入力したい場合は、☺記をタップします。

2 ☺をタップして、「絵文字」の表示欄を上下にスワイプし、目的の絵文字をタップすると入力できます。☆をタップします。

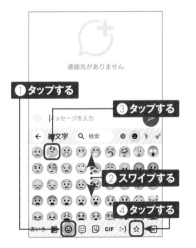

3 手順 2 と同様の方法で「記号」を入力できます。:-) をタップします。

4 「顔文字」を入力できます。あいうをタップします。

5 通常の文字入力画面に戻ります。

41

別の言語のキーボードを追加する

キーボード

Xperia 5 Vのソフトウェアキーボードには、別の言語のキーボードを追加できます。別の言語キーボードを追加すれば、切り替えは、日本語キーボードと同じ操作でできます。

1 ソフトウェアキーボードを表示して、✿をタップします。

2 [言語] をタップします。

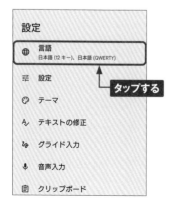

3 [キーボードを追加] をタップします。

4 目的の言語を検索します。検索ボックスをタップして、言語の名前を入力します。

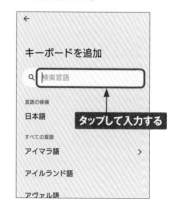

5 候補が表示されるので、タップします。

6 追加するキーボードの種類をタップして選択し、[完了] をタップします。

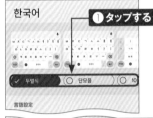

7 キーボードが追加されました。← を2回タップすると、P.42手順**1** の画面に戻ります。

8 入力画面で、⊕を何度かタップします。

9 キーボードが切り替わり、追加した別の言語のキーボードを利用することができます。

MEMO キーボードの削除

キーボードを削除するには、手順**7**の画面で✎をタップし、削除するキーボードを選択して、🗑をタップします。

43

1

キーボードをフロートさせる

キーボード

キーボードのフローティングを設定すると、キーボードの位置を自由に動かしたり縮小したりできるようになります。アプリによって、情報が表示される領域が狭いと感じた場合などに利用すると、作業しやすくなるでしょう。また、キーボードを縮小して左右に寄せることで、手の小さい人でも片手入力がしやすくなります。

1 テキストの入力画面で、🎛をタップします。

タップする

2 [フローティング] をタップします。ここで [片手モード] をタップすると、片手モードになります。

タップする

3 キーボードが浮いたようになります。同じ手順でフローティングを解除できます。

4 キーボードの下部をタップしてドラッグすると、移動することができます。

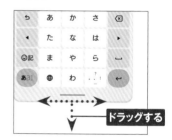

ドラッグする

MEMO キーボードを縮小する

キーボードを縮小したい場合は、手順4の画面で、キーボードの四隅のどれか1つを選んで斜め方向にドラッグすると、大きさを調整することができます。

テキストをコピー&ペーストする

キーボード

アプリなどの編集画面でテキストをコピーすることができます。また、コピーしたテキストは別のアプリなどにペースト（貼り付け）して利用することができます。コピーのほか、テキストを切り取ってペーストすることもできます。

1 テキストの編集画面で、コピーしたいテキストを長押しします。

2 ●●●を左右にドラッグしてコピーする範囲を指定し、[コピー] をタップします。なお、[切り取り] をタップすると切り取れます。

3 ペーストしたい位置を長押し（ロングタッチ）し、[貼り付け] をタップします。

4 テキストがペーストされます。

45

「電話」アプリ

電話をかける・受ける

電話操作は発信も着信も非常にシンプルです。発信時はホーム画面のアイコンからかんたんに電話を発信でき、着信時はドラッグまたはタップ操作で通話を開始できます。

■ 電話をかける

1 ホーム画面またはアプリ画面で（電話）をタップします。

2 「電話」アプリが起動します。をタップします。

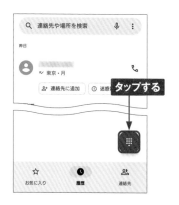

3 相手の電話番号をタップして入力し、［音声通話］をタップすると、電話が発信されます。

4 相手が応答すると通話がはじまります。をタップすると、通話が終了します。

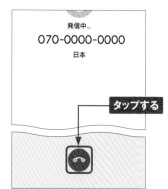

電話を受ける

1 電話がかかってくると、着信画面が表示されます（スリープ状態の場合）。 を上方向にスワイプします。また、画面上部に通知で表示された場合は、［応答］をタップします。

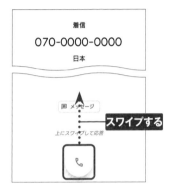

着信

070-0000-0000

日本

回 メッセージ

スワイプする

上にスワイプして応答

2 相手との通話がはじまります。通話中にアイコンをタップすると、ミュートやスピーカーなどの機能を利用できます。

タップすると上のアイコンが表示される

音声通話を追加

保留 **録音**

00:35

保留	録音	通話を追加
キーパッド	ミュート	スピーカー	その他

キーパッドを表示

スピーカーオン／オフ

マイクオン／オフ

3 をタップすると、通話が終了します。

070-0000-0000

00:54

タップする

TIPS 発信者情報の表示

Xperia 5 Vでは、連絡先に登録していない相手に電話をかけたり、電話がかかってきたりした場合、相手の名前や会社名などが表示されることがあります。この機能をオフにしたい場合は、P.46手順**2**の画面の右上の：をタップし、［設定］→［発着信情報/迷惑電話］の順にタップして、［発信者番号とスパムの番号を表示］をオフにします。

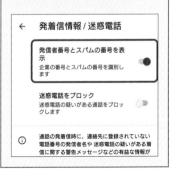

← 発着信情報 / 迷惑電話

発信者番号とスパムの番号を表示
企業の番号とスパムの番号を識別します

迷惑電話をブロック
迷惑電話の疑いがある通話をブロックします

ⓘ 通話の発着信時に、連絡先に登録されていない電話番号の発信者名や迷惑電話の疑いがある着信に関する警告メッセージなどの有益な情報が

「連絡帳」アプリ

新規連絡先を「連絡帳」に登録する

メールアドレスや電話番号を「連絡帳」アプリに登録しておくと、着信画面に相手の名前が表示され、自分から連絡する際もスムーズです。姓名や会社名などのほか、アイコンも設定できるので、本人の写真を設定しておくとより判別しやすくなるでしょう。よく連絡を取り合う相手は「お気に入り」に追加して、すぐに見られるようにしておくと便利です。

1 P.16を参考にアプリ画面を表示し、[連絡帳]をタップします。

2 「連絡帳」画面が表示されます。＋をタップします。

3 「連絡先の作成」画面が表示されます。名前やメールアドレス、電話番号などを入力して、[保存]をタップします。

4 連絡先が登録されます。☆をタップするとお気に入りに追加され、手順**2**の「連絡帳」画面左に表示される★をタップすることですぐに呼び出すことができます。

履歴から連絡先を登録する

「連絡帳」アプリ

「連絡帳」アプリに登録していない電話番号から着信があったときは、履歴から連絡先を登録することができます。この場合は、自分で電話番号を入力する必要がありません。

1 アプリ画面で📞をタップします。

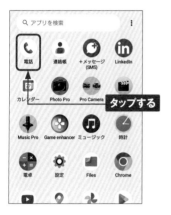

2 [履歴] をタップし、着信履歴から連絡先に登録したい番号を選んでタップします。

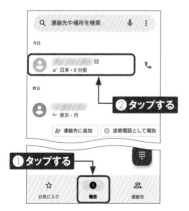

3 [連絡先に追加] をタップします。保存先のアカウント、もしくは [デバイス] を選びます。

4 「連絡先の作成」画面が表示されます。名前などの情報を入力し、[保存] をタップします。

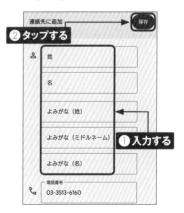

Wi-Fiを利用する

「設定」アプリ

自宅のインターネットのWi-Fiアクセスポイントや公衆無線LANなどのWi-Fiネットワークが
あれば、モバイル回線を使わなくてもインターネットに接続して、より快適に楽しめます。

Wi-Fiに接続する

1 アプリ画面で［設定］をタップし、
［ネットワークとインターネット］を
タップします。

2 ［インターネット］をタップします。

3 ［Wi-Fi］をタップしてオンにし、
接続したいWi-Fiネットワーク名を
タップします。

4 パスワードを入力し、必要に応じて
ほかの設定をして（P.183参照）、
［接続］をタップすると、Wi-Fiネッ
トワークに接続できます。

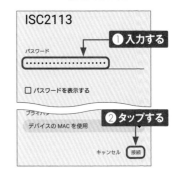

Wi-Fiネットワークを追加する

1 Wi-Fiネットワークに手動で接続する場合は、P.50手順**3**の画面の下部にある［ネットワークを追加］をタップします。

2 「ネットワーク名」を入力し、「セキュリティ」欄をタップします。

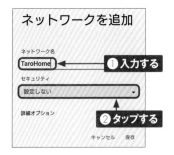

3 適切なセキュリティの種類をタップして選択します。

4 「パスワード」を入力し、［保存］をタップすると、Wi-Fiネットワークに接続できます。

MEMO Wi-Fiの接続設定を削除する

Wi-Fiの接続設定を削除したいときは、P.50手順**3**の画面で、接続済みのWi-Fiネットワーク名をタップして、［削除］をタップします。

Googleアカウントを設定する

「設定」アプリ

GoogleアカウントをXperia 5 Vに設定すると、Googleが提供するサービスが利用できるようになります。AndroidスマートフォンではGoogleアカウントの設定は必須といってよいでしょう。ここではGoogleアカウントを作成して設定します。すでに作成済みのGoogleアカウントを設定することもできます。

1 アプリ画面で［設定］をタップし、［パスワードとアカウント］をタップします。

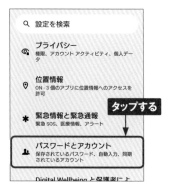

2 ［アカウントを追加］をタップします。

3 「アカウントの追加」画面が表示されるので、［Google］をタップします。

MEMO Googleアカウントとは

Googleアカウントを作成すると、Googleが提供する各種サービスへログインすることができます。アカウントの作成に必要なのは、メールアドレスとパスワードの登録だけです。Xperia 5 VにGoogleアカウントを設定しておけば、Gmailなどのサービスがかんたんに利用できます。

4 [アカウントを作成] → [個人で使用] の順にタップします。すでに作成したアカウントを使うには、アカウントのメールアドレスまたは電話番号を入力します（右下のMEMO参照）。

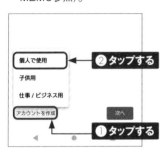

5 上の欄に「姓」、下の欄に「名」を入力し、[次へ] をタップします。

6 生年月日と性別をタップして設定し、[次へ] をタップします。

7 [自分でGmailアドレスを作成] をタップして、希望するメールアドレスを入力し、[次へ] をタップします。

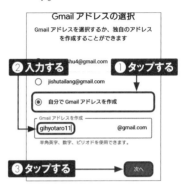

MEMO 既存のアカウントの利用

作成済みのGoogleアカウントがある場合は、手順**4**の画面でメールアドレスまたは電話番号を入力して、[次へ] をタップします。次の画面で認証操作を行ったり、パスワードを入力したりすると、「ようこそ」画面が表示されるので、[同意する] をタップし、P.55手順**12**以降の解説に従って設定します。

1

53

8 パスワードを入力し、[次へ] をタップします。

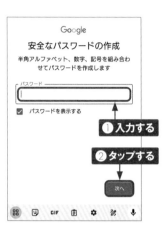

Google

安全なパスワードの作成

半角アルファベット、数字、記号を組み合わせてパスワードを作成します

パスワード

☑ パスワードを表示する

❶入力する

❷タップする

次へ

9 パスワードを忘れた場合のアカウント復旧に使用するために、使用している電話番号を登録します。ここでは [はい、追加します] をタップします。

仕組み

📱 Google は SMS を利用して、この番号がご本人のものであることを確認します（通信料が発生する場合があります）

↩ Google では、アカウントを最新の状態に保つため、SMS を利用したり（通信料が発生する場合があります）、あなたのデバイス情報をご利用の携帯通信会社と共有することにより、あなたの電話番号を時宜に応じて確認します

↻ 今後、このデバイスで確認された電話番号がすべて Google アカウントに追加されます

設定は自分で管理できます

✎ 電話番号については、Google アカウント（account.google.com/phone）で、いつでも変更や削除をしたり、使用方法を変更したりできます

その他の設定

タップする

スキップ   はい、追加します

10 「アカウント情報の確認」画面が表示されたら、[次へ] をタップします。

Google

アカウント情報の確認

このメールアドレスまたは携帯電話番号は、後ほどログインに使用できます

太郎 技術太郎
gihyotaro11@gmail.com

再設定用の携帯電話番号

タップする

次へ

11 「プライバリーポリシーと利用規約」の内容を確認して、[同意する] をタップします。

るかを測定するパートナーもいます。こうした広告パートナーや測定パートナーについての説明をご覧ください。

データを統合する

また Google は、こうした目的を達成するため、Google のサービスやお使いのデバイス全体を通じてデータを統合します。アカウントの設定内容に応じて、たとえば検索や YouTube を利用した際に得られるユーザーの興味や関心の情報に基づいて広告を表示したり、膨大な検索クエリから収集したデータを使用してスペル訂正モデルを構築し、すべてのサービスで使用したりすることがあります。

設定は自分で管理できます

アカウントの設定に応じて、このデータの一部はご利用の Google アカウントに関連付けられることがあります。Google はこのデータを個人情報として取り扱います。Google がこのデータを収集して使用する方法は、下の [その他の設定] で管理できます。設定の変更や同意の取り消しは、アカウント情報（myaccount.google.com）でいつでも行えます。

その他の設定 ∨

タップする

同意する

12 利用したいGoogleサービスがオンになっていることを確認して、[同意する] をタップします。

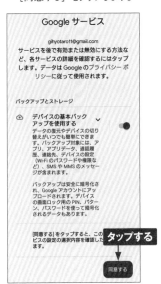

Google サービス

gihyotaro11@gmail.com

サービスを後で有効または無効にする方法など、各サービスの詳細を確認するにはタップします。データは Google のプライバシー ポリシーに従って使用されます。

バックアップとストレージ

⌂ デバイスの基本バックアップを使用する
データの復元やデバイスの切り替えがいつでも簡単にできます。バックアップ対象には、アプリ、アプリデータ、通話履歴、連絡先、デバイスの設定（Wi-Fi のパスワードや権限など）、SMS や MMS のメッセージが含まれます。

バックアップは安全に暗号化され、Google アカウントにアップロードされます。デバイスの画面ロック用の PIN、パターン、パスワードを使って暗号化されるデータもあります。

[同意する] をタップすると、このビスの設定の選択内容を確認したます。 **タップする**

同意する

13 P.52手順 **2** の過程で表示される「パスワードとアカウント」画面に戻ります。Googleアカウントをタップします。

←

パスワードとアカウント

パスワード

G Google
–

自動入力サービス **タップする**

G Google ⚙

所有者のアカウント

G gihyotaro11@gmail.com
Google

+ アカウントを追加

14 [アカウントの同期] をタップします。

Google

タップする

G

gihyotaro11@gmail.com

↻ アカウントの同期
すべてのアイテムで同期が ON

アカウントを削除

15 Googleアカウントで同期可能なサービスが表示されます。サービス名をタップして、⬤にすると、同期が解除されます。

アカウントの同期

G

gihyotaro11@gmail.com
Google

Gmail
最終同期日時: 2023年12月27日 15:49 ↻ ⬤

Google カレンダー
最終同期日時: 2023年12月27日 15:49 ⬤

カレンダー
最終同期日時: 2023年12月27日 15:49 ⬤

カレンダーの ToDo リスト
最終同期日時: 2023年12月27日 15:49 ⬤

連絡先
最終同期日時: 2023年12月27日 15:49 ⬤

MEMO Googleアカウントの削除

手順 **14** の画面で [アカウントを削除] をタップすると、Google アカウントをXperia 5 Vから削除することができます。

55

OS・Hardware

スクリーンショットを撮る

画面をキャプチャして、画像として保存するのがスクリーンショットです。表示されている画面だけでなく、スクロールして見るような画面の下部にある範囲をキャプチャして、長い画像として保存できます。※キャプチャ範囲の拡大ができない場合や非対応のアプリがあります。

1 電源キーと音量キーの下を同時に押します。

2 画面がキャプチャされて、画面の左下にアイコンとして表示されます。画面をスクロールして長い画像を保存する場合は、[キャプチャ範囲を拡大] をタップします。

3 キャプチャ範囲が拡大して表示されます。ハンドルをドラッグして範囲を変更し、[保存] をタップします。

MEMO アプリの履歴から撮る

起動中のアプリの画面は、P.17手順 **2** の画面で [スクリーンショット] をタップして、キャプチャすることもできます。

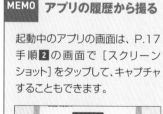

WebとGoogleアカウントの便利技

Chapter

2

ChromeでWebページを表示する

Chrome

Xperia 5 Vには、インターネットの閲覧アプリとして「Chrome」アプリが標準搭載されています。「Chrome」アプリを利用して、Webページの閲覧や情報の検索などが行えます。

Chromeを起動する

1 ホーム画面で◎をタップします。

タップする

2 「Chrome」アプリが起動します。初回は［○○（Xperia 5 Vに設定したGoogleアカウント）として続行］をタップし、画面の指示に従って操作します。検索ボックスをタップします。

タップする

3 WebページのURLを入力して、→をタップすると、入力したURLのWebページが表示されます。

①入力する
②タップする

MEMO Webページ表示中に別のWebページを表示する

Webページ表示中にほかのWebページを表示するには、画面上部の「アドレスバー」にURLを入力します。また、調べたい語句を入力すると、検索ができます。アドレスバーが見えないときは、画面を下方向にフリックすると表示されます。

■ Webページを移動する

1 Webページの閲覧中に、リンク先のページに移動したい場合、ページ内のリンクをタップします。

2 リンク先のWebページが表示されます。画面の左端から右方向にスワイプすると、前に表示していたWebページに戻ります。

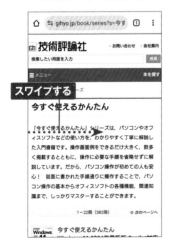

3 画面右上の：をタップして、→をタップすると、前のWebページに進みます。

4 ：をタップして C をタップすると、表示ページが更新されます。

2

Chromeのタブを使いこなす

Chrome

「Chrome」アプリはタブを切り替えて同時に開いた複数のWebページを表示することができます。複数のページを交互に参照したいときや、常に表示しておきたいページがあるときに利用すると便利です。またグループ機能を使うと、タブをまとめたりアイコンとして操作できたりして、管理しやすくなります。

Webページを新しいタブで開く

1 「Chrome」アプリを起動して、⋮をタップします。

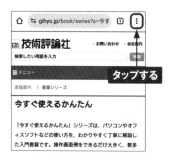

2 [新しいタブ]をタップします。

3 新しいタブが表示されます。

MEMO タブグループとは

「Chrome」アプリは、複数のタブをまとめるグループ機能を使うことができます。よく見るWebページのジャンルごとにタブをまとめておくと、情報を探したり、比較したりしやすくなります。タブグループを作成するには、P.61手順2の画面でタブを長押しして、グループ化する別のタブにドラッグします。

タブを切り替える

1
複数のタブを開いた状態でタブ切り替えアイコンをタップします。

2
現在開いているタブの一覧が表示されるので、表示したいタブをタップします。

3
タップしたタブに切り替わります。

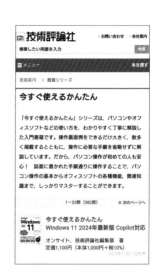

MEMO タブを閉じる

不要なタブを閉じたいときは、手順2の画面で、右上の×をタップします。なお、最後に残ったタブを閉じると、Chromeが終了します。

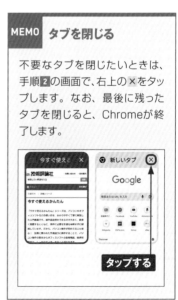

Webページ内の単語をすばやく検索する

Chrome

「Chrome」アプリでは、Webページ上の単語をタップすることで、その単語についてすばやく検索することができます。なお、モバイル専用ページなどで、タップで単語を検索できない場合はロングタッチして文章を選択します（MEMO参照）。

1 「Chrome」アプリでWebページを開き、検索したい単語をタップします。

2 画面下部に選んだ単語が表示されるので、タップします。

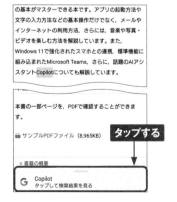

3 検索結果が表示されます。

MEMO 文章を検索する

文章を検索するには、Webページ上の検索したい部分をロングタッチし、● ●を左右にドラッグして文章範囲を選択し、[ウェブ検索] をタップします。

Webページの画像を保存する

Chrome

「Chrome」アプリでは、Webページ上の画像をロングタッチすることでかんたんに保存することができます。画像は本体内の「Download」フォルダに保存されます。「フォト」アプリで見る場合は、「フォト」アプリで［ライブラリ］→［Download］の順にタップします。また、「Files」アプリの「ダウンロード」から開くこともできます（P.146参照）。

1 「Chrome」アプリでWebページを開き、保存したい画像をロングタッチします。

ロングタッチする

3 ［開く］をタップします。

タップする

2 ［画像をダウンロード］をタップします。

タップする

4 保存した画像が表示されます。

63

Chrome

住所などの個人情報を自動入力する

「Chrome」アプリでは、あらかじめ住所やクレジットカードなどの情報を設定しておくことで、Webページの入力欄に自動入力することができます。入力欄の仕様によっては、正確に入力できない場合もあるので、正確に入力できなかった部分を編集するようにしてください。

1 画面右上の⋮をタップし、[設定]をタップします。

2 住所などを設定するには[住所やその他の情報]を、クレジットカードを設定するには[お支払い方法]をタップします。

3 「住所の保存と入力」または「お支払方法の保存と入力」がオンになっていることを確認し、[住所を追加]または[カードを追加]をタップします。

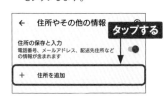

4 情報を入力し、[完了]をタップします。

パスワードマネージャーを利用する

Chrome

「パスワードマネージャー」は、WebサービスのログインIDとパスワードをGoogleアカウントに紐づけて保存します。以降は、ログインIDの入力欄をタップすると、自動ログインできるようになります。保存したパスワードの管理には、画面ロックの設定が必要です。

1 「Chrome」アプリの画面右上の ： をタップし、[設定] → [パスワードマネージャー] の順にタップします。

2 ⚙ をタップします。

3 設定がオンになっていることを確認します。Webページでパスワードを入力後、[保存] をタップするとパスワードが保存され、以降、自動ログインできるようになります。手順 **2** の画面で、パスワードを管理できるようになります。

MEMO パスワードを編集する

パスワードを保存すると、手順 **2** の画面に保存したサイトの一覧が表示されるので、タップして編集することが可能です。

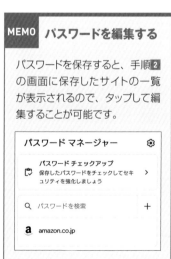

「Google」アプリ

Google検索を行う

「Google」アプリは、自分に合わせてカスタマイズした情報を表示させたり、Google検索をしたりすることができるアプリです。また、ホーム画面上のクイック検索ボックス（P.14参照）を使うとすばやく検索できます。Webページを検索、表示できる点はChromeと同じですが、機能などが異なります。

1 P.16を参考にアプリ画面を表示し、[Google]をタップします。

2 検索するキーワードを入力し、🔍 をタップします。

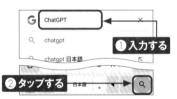

3 キーワードに関連する検索結果が表示されます。

MEMO そのほかの使いかた

検索ボックスをタップした際に表示される検索履歴の↖をタップすると、AND検索の候補が表示され、タップするとAND検索を行うことができます。なお、検索履歴を削除するには、削除したい検索履歴をロングタッチし、[削除]をタップします。また、🎤をタップすると、音声入力の検索や、周辺で流れている音楽を調べることができます。

「Google」アプリ

Discoverで気になるニュースを見る

Google Discoverは、Webページの検索など、Googleサービスで行った操作や、フォローしているコンテンツをもとに、ユーザーが興味を持ちそうなトピックを表示する機能です。新しいトピックはもちろん、ユーザーが関心を持ちそうな古いトピックも表示されます。ニュースや天気などの概要が表示された「カード」をタップすることで、ソースのWebページが表示されます。

1 ホーム画面を右方向にスワイプします。

2 Google Discoverが表示されます。カードをタップします。

3 Webページが表示されます。

TIPS 表示頻度を上げる

好きなカードの右下にある高評価アイコン♡をタップすると、そのトピックの表示頻度が上がります。

「Google」アプリ

最近検索したWebページを確認する

「Google」アプリで検索したり、Google Discover（P.67参照）で見たりしたWebページは、あとから「Google」アプリの「検索履歴」で確認することができます。

1 「Google」アプリを起動して、右上のアカウントアイコンをタップします。

2 ［検索履歴］をタップします。

3 最近検索したWebページが表示されます。画面を上下にスワイプして確認します。［削除］をタップすると、削除する検索履歴の範囲を指定することが可能です。

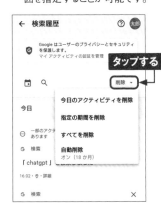

TIPS Web履歴をまとめて削除する

Chromeの利用履歴も含めて、Googleアカウントで検索、表示したWeb履歴は、「検索履歴」から確認したりまとめて削除したりすることができます（P.73参照）。

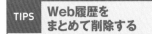

Googleレンズで似た製品を調べる

Googleレンズ

Googleレンズは、カメラで対象物を認識・分析することで、関連する情報などを調べることができる機能です。ここでは、Googleレンズで似た製品を検索する例を紹介します。好みの製品に近いものを探したい場合などに活用するとよいでしょう。

1 クイック検索ボックスの◉をタップします。

2 ◉→[カメラを起動]の順にタップします。

3 検索の対象物にカメラを向けて、シャッターボタンをタップすると、検索結果が表示されます。

MEMO カメラへのアクセス許可

Googleレンズを最初に使用する際は、カメラへのアクセスを許可する必要があります。

Googleレンズ

Googleレンズで植物や動物を調べる

Googleレンズでは、植物や動物を認識することができます。類似した種別がある場合は複数の候補が表示されます。公園や森などで、名前を知らない植物や動物を見つけたときに活用するとよいでしょう。

1 P.69手順 **2** の画面で、カメラを植物や動物に向け、シャッターボタンをタップします。

タップする

シャッターボタンをタップして検索

2 候補が表示されるので、いずれかの候補をタップします。

タップする

追加

文A 翻訳　　Q 検索　　⊙ 宿題

3 詳細が表示されます。

Google

Q　　　検索に追加

Tulipa hungarica　　ゲスネリアナ種　　Maria Ka

Tulipa hungarica　　　　　⋮
植物

TIPS QRコードを読み取る

カメラをQRコードに向けて、表示されたURLやコンテンツ名をタップするとWebページが表示されます。

タップする

⊘ gihyo.jp/...

Googleレンズで文字を読み取る

Googleレンズ

Googleレンズで文字を読み取ってテキスト化することができます。テキストをパソコンに直接コピーすることもできます。

1 Googleレンズを起動して文字にかざし、シャッターボタンをタップします。

3 P.45を参考にコピーしたいテキストを選択し、[コピー] をタップすると、テキストとしてコピーされ、ほかのアプリにペーストして利用することができます。

2 [テキストを選択] をタップします。

TIPS パソコンにテキストをコピーする

手順**3**の画面で **⋮** → [パソコンにコピー] の順にタップすると、パソコンにテキストをコピーすることができます。パソコンのChromeが同じGoogleアカウントでログインしていることが条件になります。

「Google」アプリ

Googleアカウントの情報を確認する

Googleアカウントの情報は、「Google」アプリなど、Google製のアプリから確認することができます。登録している名前やパスワードの確認と変更や、プライバシー診断、セキュリティの確認などを行うことができます。

1 「Google」アプリを起動して、右上のアカウントアイコンをタップします。

2 [Googleアカウントを管理] をタップします。

3 Googleアカウントの管理画面が表示されます。

4 タブをタップするとそれぞれの情報を確認できます。

「Google」アプリ

アクティビティを管理する

Googleアカウントを利用した検索、表示したWebページ、視聴した動画、利用したアプリなどの履歴を「アクティビティ」と呼びます。「Google」アプリで、これらのアクティビティを管理することができます。ここでは例として、Web検索の履歴の確認と削除の方法を解説します。

1 P.72手順 2 の画面で [検索履歴] をタップします。

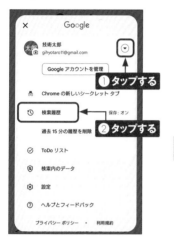

2 画面下部に、直近のWeb検索と見たWebページの履歴が表示されます。画面を下にスクロールすると、さらに過去の履歴を見ることができます。×をタップすると履歴を削除できます。

TIPS アクティビティをもっと見る

手順 2 の画面で [管理] をタップすると、「ウェブとアプリのアクティビティ」で、アプリの利用履歴を確認することができます。また、利用履歴の保存をオフにすることも可能です。

73

「Google」アプリ

プライバシー診断を行う

Googleアカウントには、ユーザーの様々なアクティビティやプライバシー情報が保存されています。プライバシー診断では、それらの情報の確認や、情報を利用した後に削除するように設定することができます。プライバシー診断に表示される項目は、Googleアカウントの利用状況により変わります。

1 P.72手順4の画面で、[データとプライバシー] をタップし、「プライバシーに関する提案が利用可能」の [プライバシー診断を行う] をタップします。

MEMO プライバシーに関する提案

手順1の画面が表示されずに、「プライバシーに関する提案が利用可能」が表示された場合は、[提案を確認] をタップして確認します。

2 ウェブとアプリのアクティビティの設定の確認と変更を行うことができます（P.73参照）。[次へ]をタップします。これ以降の画面は、状況によって異なることがあります。

3 YouTube利用履歴の確認と変更を行うことができます。[次へ]をタップします。

4 広告のカスタマイズ方法の確認と変更を行うことができます。[次へ]をタップします。

5 公開するプロフィール情報の確認と変更を行うことができます。[次へ]をタップします。

6 電話番号の用途の確認と変更を行うことができます。[次へ]をタップします。

7 フェイスグルーピングの設定の確認を行うことができます。[完了]をタップします。

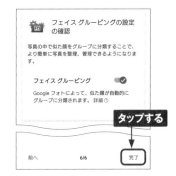

8 プライバシー診断を終えたら、[Googleアカウントを管理]をタップして、手順1の画面に戻ります。

75

「Google」アプリ

Googleサービスの利用状況を確認する

Googleアカウントで利用しているサービスの利用状況は、WebのGoogleダッシュボードで確認し、設定を変更することができます。Googleアカウントでログインしていれば、PCのWebブラウザから利用することもできます。

1 Chromeで「Googleダッシュボード」のキーワード検索を行い、検索された [Googleダッシュボード] をタップします。

2 Googleダッシュボードにサービスの利用状況が表示されます。

TIPS デジタル遺産の管理

アカウントの無効化管理ツールを使うと、Googleアカウントを一定期間利用していなかった場合に、アカウントを削除するか、残ったデータの取り扱いをどうするかなどのプランを設定することができます。P.74手順**1**の画面の下部にある [デジタル遺産に関する計画] をタップして設定します。

ご利用の Google アカウントを使用できなくなった場合のデータの取り扱いの設定

アカウントが長期間使用されていないと判断するまでの期間と、その期間が過ぎた後にデータをどう取り扱うかを指定してください。信頼できるユーザーにデータを公開するか、Google 側でデータを削除するよう設定できます。
詳細

開始する

Googleアカウントの同期状況を確認する

「設定」アプリ

Googleアカウントは、さまざまなサービスやアプリと同期されます。たとえば、Gmailやカレンダーを同期しておくと、レストランの予約メールを受信すると自動的にGoogleカレンダーに追加されます。また連絡先を同期しておくと、ほかの機器からも連絡先を利用できるようになります。

1 「設定」アプリを開き、[パスワードとアカウント]をタップします。

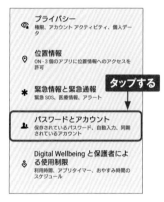

プライバシー
権限、アカウント アクティビティ、個人データ

位置情報
ON - 3 個のアプリに位置情報へのアクセスを許可

緊急情報と緊急通報
緊急 SOS、医療情報、アラート

タップする

パスワードとアカウント
保存されているパスワード、自動入力、同期されているアカウント

Digital Wellbeing と保護者による使用制限
利用時間、アプリタイマー、おやすみ時間のスケジュール

2 Googleのアカウント名をタップします。

パスワードとアカウント

パスワード

G Google
パスワード: 1 件

自動入力サービス

G Google

タップする

所有者のアカウント

G gihyotaro11@gmail.com
Google

3 [アカウントの同期]をタップします。

Google

G

gihyotaro11@gmail.com

アカウントの同期
すべてのアイテムで同期が ON

アカウントを削除

タップする

4 Googleアカウントの同期状況が表示されます。それぞれの項目をタップして、同期のオン／オフを切り替えます。

G

gihyotaro11@gmail.com
Google

Gmail
最終同期日時: 2024年1月5日 14:37

Google カレンダー
最終同期日時: 2024年1月5日 14:37

カレンダー
最終同期日時: 2024年1月5日 14:37

カレンダーの ToDo リスト
最終同期日時: 2024年1月5日 14:37

2

「設定」アプリ

Googleアカウントに2段階認証を設定する

2段階認証とは、ログインを2段階にしてセキュリティを強化する認証のことです。Google アカウントの2段階認証プロセスをオンにすると、指定した電話番号に認証コードが送信され、Googleアカウントへのログイン時にその認証コードが求められるようになります。

1 アプリ画面で [設定] をタップし、[パスワードとアカウント] をタップします。

2 Googleのアカウント名をタップします。

3 [Googleアカウント] をタップします。

4 タブを左方向にスワイプし、[セキュリティ] → [2段階認証プロセス] の順にタップします。

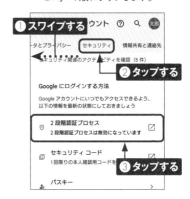

78

5

[使ってみる] をタップします。

2段階認証プロセス

を防ぎ、安全性とセキュリティを確保することができます。

簡単にセキュリティを強化

パスワードに加え、2段階認証プロセスにより本人確認のための簡単な2つ目の手順が追加されます。

すべてのオンライン アカウントに2段階認証プロセスを使用

2段階認証プロセスは幅広いサイバー攻撃を防ぐ、実証済みの方法です。対応するさまざまな場所で有効にすることで、すべてのオンライン アカウントを保護できます。

Safer with Google

タップする

使ってみる

[続行] をタップします。

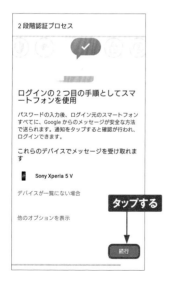

2段階認証プロセス

ログインの2つ目の手順としてスマートフォンを使用

パスワードの入力後、ログイン元のスマートフォンすべてに、Google からのメッセージが安全な方法で送られます。通知をタップすると確認が行われ、ログインできます。

これらのデバイスでメッセージを受け取れます

Sony Xperia 5 V

デバイスが一覧にない場合

他のオプションを表示

タップする

続行

7

認証コードを受け取る電話番号を入力し、[送信] をタップします。

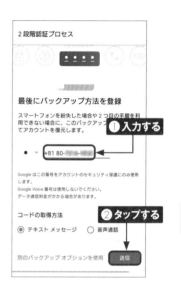

2段階認証プロセス

最後にバックアップ方法を登録

スマートフォンを紛失した場合や2つ目の手順を利用できない場合に、このバックアップ　❶入力する
てアカウントを復元します。

● ▼ +81 80-■■-■■■ ◀

Google はこの番号をアカウントのセキュリティ保護のみに使用します。
Google Voice 番号は使用しないでください。
データ通信料金がかかる場合があります。

コードの取得方法　❷タップする

◉ テキスト メッセージ　○ 音声通話

別のバックアップ オプションを使用　送信

手順7で入力した電話番号に送られる認証コードを入力し、[次へ] → [有効にする] の順にタップします。

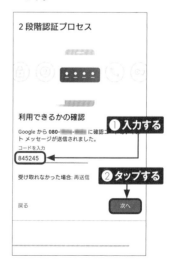

2段階認証プロセス

利用できるかの確認　❶入力する

Google から 080-■■-■■■ に確認コ■■■■■■
ト メッセージが送信されました。

コードを入力
845245 ◀

受け取れなかった場合: 再送信　❷タップする

戻る　次へ

複数のGoogleアカウントを使う

Xperia 5 Vには、複数のGoogleアカウントを登録することができます。個人で複数の
Googleアカウントを作ると、Gmail、Googleフォト、Googleドライブなどのサービスを
複数利用することができます。プライベートと仕事で使い分けたいときなどに便利です。
なお、Xperia 5 V本体のデータは共有されます。

1 「設定」アプリを開いて、[Google] をタップします。自分のGoogleアカウント名をタップします。

2 [別のアカウントを追加] をタップし、ロック解除の操作を行います。

MEMO アカウントの切り替え

Googleアカウントの切り替えは、アプリやサービスの画面上で行います。たとえば、「フォト」アプリの場合、アカウントアイコンをタップし、切り替えるアカウント名をタップします。

3 取得済みのGoogleアカウントを入力し、[次へ] をタップします。アカウントを新規作成する場合は、[アカウントを作成] をタップします。

4 パスワードを入力し、[次へ] → [スキップ] → [同意する] の順にタップします。

写真や動画、音楽の便利技

Chapter

3

Photo Pro

「Photo Pro」で写真や動画を撮影する

Xperia 5 Vでは、「Photography Pro」（以降「Photo Pro」と表記）アプリで写真や動画を撮影することができます。ここでは、基本的な操作方法を解説します。

「Photo Pro」アプリを起動する

1 ホーム画面で[Photo Pro]をタップし、[許可]をタップします。本体を横向きにし、初回起動時は説明が表示されるので、[次へ]をタップし、最後に[了解]をタップします。

2 「撮影場所を記録しますか?」と表示されるので、記録したい場合は[はい]→[アプリの使用時のみ]の順にタップします。

3 ベーシックモードの撮影画面が表示されます。

ベーシックモードの画面の見方

❶	撮影モードを変更できます（P.86〜88参照）。	❿	ナイト撮影。暗闇でも明るく見やすい写真を撮影するかどうかを設定できます。
❷	タップするとメニュー画面が表示され、保存先や位置情報の保存などを設定できます。	⓫	クリエイティブルック。6種のルックから好みのものを選択します。
❸	Googleレンズを起動します（P.95参照）。	⓬	ドライブモード（連続撮影やセルフタイマー）の設定ができます。
❹	パノラマ撮影に変更できます。	⓭	背景をボカすボケ効果が利用できます。
❺	位置情報の保存のアイコンが表示されます。	⓮	明るさや色合いを変更できます。
		⓯	フロントカメラに切り替えます。
❻	カメラのレンズを切り替えたり、ズーム操作を行ったりします。	⓰	シャッターボタン。「ビデオ」モードのときは、停止・一時停止ボタンが表示されます。
❼	タップすると❽〜❾の隠れている項目が表示されます。	⓱	「フォト」モード／「ビデオ」モードを切り替えます（P.85参照）。
❽	縦横比を変更できます。	⓲	直前に撮影した写真がサムネイルで表示されます。
❾	フラッシュの設定ができます。		

MEMO 本体キーを使った撮影

Xperia 5 Vは、本体のシャッターキーや音量キー／ズームキー（P.10参照）を使って撮影することができます。標準では、シャッターキーを1秒以上長押しすると、「Photo Pro」アプリがベーシックモードで起動します。音量キー／ズームキーを押してズームを調整し、シャッターキーを半押しして緑色のフォーカス枠が表示されたら、そのまま押すことで撮影できます。

ベーシックモードで写真を撮影する

1 P.82を参考にして、「Photo Pro」アプリを起動します。ピンチイン／ピンチアウトするか、倍率表示部分をタップしてレンズを切り替えると、ズームアウト／ズームインできます。

ピンチイン／ピンチアウトする

タップしてレンズを切り替える

2 〇をタップすると、写真を撮影します。画面をタップすると、タップした対象に追尾フォーカスが設定され、動いている被写体にピントが合い続けます。

タップする

3 撮影が終わると、撮影した写真のサムネイルが表示されます。撮影を終了するには▼（本体が縦向きの場合は◀）をタップします。

タップする

サムネイルが表示される

MEMO　ジオタグの有効／無効

P.82手順2で［はい］→［アプリの使用中のみ］の順にタップすると、撮影した写真に自動的に撮影場所の情報（ジオタグ）が記録されます。自宅や職場など、位置を知られたくない場所で撮影する場合は、オフにしましょう。ジオタグのオン／オフは、手順1の画面で［MENU］をタップして、［位置情報を保存］をタップすると変更できます。

84

■ ベーシックモードで動画を撮影する

1 「Photo Pro」アプリを起動し、■・■ をタップし、■・■ になるようにして、「ビデオ」モードに切り替えます。

2 レンズを切り替えていた場合、広角レンズ（×1.0）に戻ります。左下の［スロー］をタップすると、スローモーション撮影になります。●をタップすると、動画の撮影がはじまります。

3 動画の録画中は画面左下に録画時間が表示されます。また、「フォト」モードと同様にズーム操作が行えます。■をタップすると、撮影が終了します。

MEMO 動画撮影中に写真を撮るには

動画撮影中に●をタップすると、写真を撮影することができます。写真を撮影してもシャッター音は鳴らないので、動画に音が入り込む心配はありません。

85

■ モードを切り替えて写真を撮影する

1 「Photo Pro」アプリを起動し、[BASIC] をタップします。

2 画面左のダイヤル部分を上下にスライドし、切り替えたいモード（ここでは「P」）に合わせます。

3 モードが切り替わります。シャッターキーを押すと撮影できます。なお、シャッターキーを半押しするとピントを合わせられます。アプリを終了するには、画面右端から左方向にスワイプして▼をタップします。

押す

MEMO 保存先の変更

撮影した写真や動画は標準では本体に保存されます。保存先をmicroSDカードに変更するには、ベーシックモードで [MENU] をタップし、[保存先] をタップして、[SDカード] をタップします。

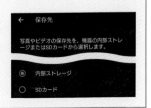

■ AUTO／P／S／Mモードの画面の見方

❶	撮影モード。AUTO（オート）、P（プログラムオート）、S（シャッタースピード優先）、M（マニュアル露出）とMR（メモリーリコール）が選択できます（P.88参照）。	⓭	フォーカスモード。オートフォーカスの種類や、マニュアルフォーカスを選択できます（P.88参照）。
❷	設定メニューが表示されます。	⓮	フォーカスエリア。ピント合わせの位置を変更できます。
❸	ヒストグラムと水準器が表示されます。	⓯	EV値（露出値）を設定します。
❹	画面の回転をロックします。	⓰	ISO感度。ISO感度を設定できます。
❺	レンズ切り替え。超広角（16mm）、広角（24mm）、光学2倍相当（48mm）が選択できます（P.89参照）。	⓱	測光モード。測光方法を変更できます。
		⓲	フラッシュモード。フラッシュの発光方法を設定できます。
❻	直前に撮影した写真がサムネイルで表示されます。	⓳	クリエイティブルック。6種類のルックから好みの仕上がりを選択できます（P.89参照）。
❼	バッテリーの容量が表示されます。	⓴	ホワイトバランス。オート(AWB)/曇天/太陽光/蛍光灯/電球/日陰に加えて、色温度とカスタムホワイトバランスをそれぞれ3つ設定できます。
❽	現在の設定（シャッタースピード／絞り値／露出値／ISO感度）が表示されます。		
❾	◢を左右にドラッグしてEV値（露出値）を設定できます（Pモードの場合。モードによって異なる）。	㉑	顔検出/瞳AFのオン／オフが設定できます。
		㉒	ナイト撮影。暗闇でも明るく見やすい写真を撮影するかどうかを選択できます。
❿	AFを有効にします。		
⓫	露出を固定します。	㉓	DRO／オートHDR。ダイナミックレンジ拡張の設定を変更できます。
⓬	ドライブモード。「連写」「セルフタイマー」などの撮影方法を指定できます（P.89参照）。	㉔	LOCK。誤操作防止のために設定をロックできます。

3

■ 撮影モードの種類

撮影モードはベーシックモードの
ほかに、P（プログラムオート）、
S（シャッタースピード優先）、M
（マニュアル露出）、AUTOの4
つと、登録した設定で撮影する
MR（メモリーリコール）がありま
す。Mモードでは、露出（明るさ）
も自由に設定できるので、星空
や花火も撮影可能です。

●各モードで操作できる露出機能

	シャッタースピード	ISO感度	EV値
Pモード	×	○	○
Sモード	○	×	○
Mモード	○	○	○
AUTO	×	×	×

■ フォーカスモード

フォーカスモードはAF-Cと
AF-S、MFの3つがあります。
AF-Cは、シャッターキーを半押
ししている間かAF-ONをタップし
たときに被写体にピントが合い続
け、シャッターキーを深く押すと
撮影されます。ピントが合ってい
る部分は、小さい緑の四角
（フォーカス枠）で示されます。
被写体が動くときに使用します。

AF-Sでは、シャッターキーを半
押しするか、AF-ONをタップし
たときにピントと露出が固定され
ます。被写体が動かないときに
使用するほか、ピントを固定した
まま動かすことで、構図を変更
できます。

■ レンズとズーム

超広角（16mm）、広角（24mm）、光学2倍相当（48mm）の3つを切り替えて使えます。

■ クリエイティブルック

静止画の仕上がりを6種類のなかから設定します。右上の◎をタップするとそれぞれの説明が表示されます。

■ ドライブモード

連続撮影やセルフタイマーを設定します。「連続撮影」に設定した場合は、シャッターアイコンをロングタッチしている間は、連続撮影できます。

MEMO 写真のファイル形式

写真のファイル形式はJPEG形式とRAW形式、RAW+JPEG形式の3種類が選択できます。RAW形式を選択すれば、未加工の状態で写真を保存することができるので、Adobe LightroomなどのRAW現像ソフトを使ってより高度な編集を行うことができます。

「Video Creator」でショート動画を作成する

「Video Creator」は、写真／動画や音楽を選択するだけで、すばやくショート動画を作成できるアプリです。かんたんな編集も行えるので、友達に送るだけでなくSNSへの投稿にも適しています。

ショート動画を作成する

1 アプリ画面で［Video Creator］をタップします。

2 初回起動時は［開始］をタップします。「利用上の注意」画面が表示されたら同意し、通知やアクセスの許可画面が表示されたらすべて許可します。

3 「Video Creator」アプリのホーム画面が表示されるので、［新しいプロジェクト］をタップします。

4 使用する写真や動画のサムネイル左上の○をタップして選択し、［おまかせ編集］をタップします。

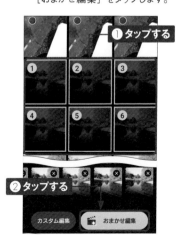

90

5 動画の長さや使用する音楽をタップして選択し、[開始]をタップします。ここでは、動画の長さは30秒、音楽はランダムに選曲するようにしています。

6 動画が自動で作成されます。画面下のメニューをタップすることで、テキストの追加、フィルターの適用、画面の明るさや色の調整などの編集が行えます。

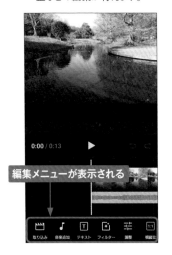

7 編集中に▶をタップすると、動画を再生して編集結果を確認することができます。編集が終わったら、[エクスポート]をタップします。

8 動画のエクスポートが行われます。[終了]をタップします。作成された動画は、「フォト」アプリから確認できます。P.90手順**3**の画面から動画を再編集することも可能です。

「フォト」アプリ

写真や動画を閲覧・編集する

撮影した写真や動画は、「フォト」アプリで閲覧することができます。「フォト」アプリは、閲覧だけでなく、自動的にクラウドストレージに写真をバックアップする機能も持っています。

「フォト」アプリのバックアップを設定する

1 ホーム画面で［フォト］をタップします。

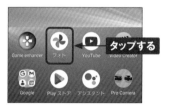

3 右上のアカウントアイコンをタップし、［フォトの設定］をタップします。

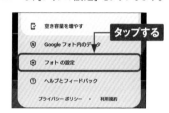

2 初回はバックアップの設定をするか聞かれるので、ここでは［許可］→［バックアップをオンにする］をタップします。

4 ［バックアップ］→［バックアップの画質］→［保存容量の節約画質］の順にタップし、［選択］をタップします。

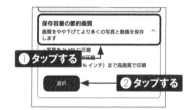

MEMO **バックアップの画質の選択**

「フォト」アプリでは、Googleドライブの保存容量の上限（標準で15GB）まで写真をクラウドに保存することができます。手順**4**で［保存容量の節約画質］を選択すると画質と画像サイズが調整され、写真がより多く保存できます。

写真や動画を閲覧する

1 左下の［フォト］をタップすると、本体内の写真や動画が表示されます。動画には右上に撮影時間が表示されています。閲覧したい写真をタップします。

2 写真が表示されます。拡大したい場合は、写真をダブルタップします。また、画面をタップすることで、メニューの表示／非表示を切り替えることができます。

3 写真が拡大されました。左右にスワイプすると前後の写真が表示されます。手順**1**の画面に戻るときは、←をタップします。

> **MEMO 動画の再生**
>
> 手順**1**の画面で動画をタップすると、動画が再生されます。再生を止めたいときは、動画をタップして⏸をタップします。
>
>

3

写真を検索して閲覧する

1 P.93手順 **1** の画面で［検索］をタップします。

タップする

フォト　検索　共有　ライブラリ

2 ［写真を検索］をタップします。

Q 写真を検索

人物
ここにフェイス グループを表示するには、人物やペットの写真をさらにバックアップしてください

タップする

撮影場所

ドキュメント　　　　すべて表示

スクリーンショット　ID　お支払い

被写体　　　　　　　すべて表示

3 検索したい写真に関するキーワードや日付などを入力して、✓をタップします。

← 花　　　　　　　　×

花

❶入力する

❷タップする

4 検索された写真が一覧表示されます。タップすると大きく表示されます。

← 花

1月6日(土)

Googleレンズで被写体の情報を調べる

1 P.93手順1を参考に、情報を調べたい写真を表示し、◎をタップします。

2 調べたい被写体をタップします。

3 表示される枠の範囲を必要に応じてドラッグして変更すると、画面下に検索結果が表示されるので、上方向にスワイプします。

4 検索結果が表示されます。下方向にスワイプすると手順3の画面に戻ります。

3

写真を編集する

1 P.93手順1を参考に写真を表示して、編をタップします。「Google One」の説明が表示されたら×をタップします。

2 写真の編集画面が表示されます。[補正] をタップすると、写真が自動で補正されます。

3 写真にフィルタをかける場合は、画面下のメニュー項目を左右にスクロールして [フィルタ] を選択します。

4 フィルタを左右にスクロールし、かけたいフィルタ（ここでは [アルパカ]）をタップします。

5 P.96手順3の画面で[調整] を選択すると、明るさやコントラストなどを調整できます。各項目のスライダーを左右にドラッグし、[完了]をタップします。

② ドラッグする　① タップする
③ タップする

明るさ　コントラスト　HDR

完了

6 P.96手順3の画面で[切り抜き] を選択すると、写真のトリミングや角度調整が行えます。□をドラッグしてトリミングを行い、画面下部の目盛りを左右にスクロールして角度を調整します。

① ドラッグする

② スクロールする

7 編集が終わったら、[保存]をタップし、[保存]もしくは[コピーとして保存]をタップします。

タップする

保存
この変更はいつでも元に戻すことができます

コピーとして保存
元の写真が変更されることはありません

MEMO　そのほかの編集機能

P.96手順3の画面で[[マークアップ]を選択すると、テキストや手書き文字を書き込むことができます。

ペン　蛍光ペン　テキスト

フィルタ　マークアップ

キャンセル　保存

3

97

「フォト」アプリ

写真や動画を削除する

「フォト」アプリの写真が増えてきたら、削除して整理しましょう。ここでの削除は、「ゴミ箱」フォルダに移動する操作になり、本体から完全に削除されるのは60日後になります。

1 「フォト」アプリの画面で、削除したい写真や動画をロングタッチします。

ロングタッチする

3 [OK] → [ゴミ箱に移動] の順にタップします。

タップする

2 [削除] をタップします。この画面でほかに削除したい写真などがあれば、タップすると追加することができます。

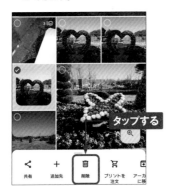

タップする

4 削除直後であれば、[元に戻す] をタップすると、元に戻すことができます。

「フォト」アプリ

削除した写真や動画を復元する

P.98の操作で削除した写真や動画は、バックアップされていなければ、30日後に削除されますが、それよりも前なら復元できます。

1 「フォト」アプリで、[ライブラリ] をタップします。

タップする

2 [ゴミ箱] をタップします。

タップする

3 復元(または完全削除)したい 写真や動画を、ロングタッチして 選択します。

ロングタッチする

4 [復元] をタップします。なお、[削除] をタップすると、本体から削除することができます。

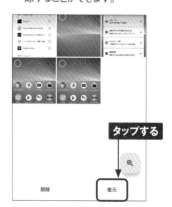

タップする

「フォト」アプリ

写真を共有する

「フォト」アプリは、写真や動画、アルバムを共有することができます。ここでは、Gmail で送信する方法やリンクを作成する方法を解説します。

写真を共有する

1 「フォト」アプリで写真やアルバムを表示して、[共有] をタップします。

2 [その他] をタップします。

3 送信に利用するアプリやサービスを選択します。ここでは、[Gmail] をタップします。

4 宛先、件名、メールの内容を入力して、▷をタップします。

写真をリンクで共有する

1 「フォト」アプリで写真やアルバムを表示して、[共有] をタップします。

タップする

< 共有　　亖 編集　　レンズ　　削除

2 次の画面で [リンクを作成] をタップします。表示されていない場合は [その他] をタップします。

Google フォトで送信 ⑦

タップする

連絡先はありません

⤬ ニアバイシェア　　⊂▷ リンクを作成

アプリで共有

Gmail　　チャット　　メッセージ　　その他

3 リンクの送信に使うアプリを選んでタップします。表示されていない場合は [その他] をタップします。

新しい共有リンク
技術太郎

共有相手に写真の追加を許可する

タップする

リンクをコピーしました。他のアプリで共有できます。

Gmail　　ニアバイシェア　　チャット　　その他

4 選んだアプリが開きます。送信相手を選んで、必要に応じてメッセージを追記して送信します。

From　gihyotaro11@gmail.com

宛先　　　　　　　　タップする

件名

https://photos.app.goo.gl/QWZUdq8TXecJQ7TW9

q w e r t y u i o p

パソコンから音楽・写真・動画を取り込む

Xperia 5 VはUSB Type-Cケーブルでパソコンと接続して、本体メモリやmicroSDカードに各種ファイルを転送することができます。お気に入りの音楽や写真、動画を取り込みましょう。

パソコンとXperia 5 Vを接続する

1 パソコンとXperia 5 VをUSB Type-Cケーブルで接続します。パソコンでドライバーソフトのインストール画面が表示された場合はインストール完了まで待ちます。Xperia 5 Vのステータスバーを下方向にドラッグします。

ドラッグする

2 [このデバイスをUSBで充電中]をタップします。

タップする

3 通知が展開されるので、再度[このデバイスをUSBで充電中]をタップします。

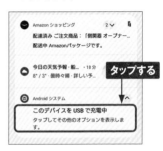

タップする

4 「USBの設定」画面が表示されるので、[ファイル転送]をタップすると、パソコンからXperia 5 Vにデータを転送できるようになります。

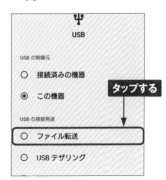

タップする

パソコンからファイルを転送する

1 パソコンでエクスプローラーを開き、「PC」にあるXperia 5 V（ここでは、［MTP USBデバイス］と表示）をクリックします。

2 ［内部共有ストレージ］をダブルクリックします。microSDカードをXperia 5 Vに挿入している場合は、「SDカード」と「内部共有ストレージ」が表示されます。

3 Xperia 5 V内のフォルダやファイルが表示されます。

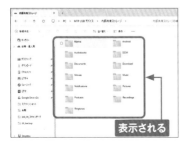

4 パソコンからコピーしたいファイルやフォルダをドラッグします。ここでは、音楽ファイルが入っている「音楽」というフォルダを「Music」フォルダにコピーします。

5 コピーが完了したら、パソコンからUSB Type-Cケーブルを外します。画面はコピーしたファイルをXperia 5 Vの「ミュージック」アプリで表示したところです。

音楽を聴く

ミュージック

本体内に転送した音楽ファイル（P.103参照）は「ミュージック」アプリで再生すること
ができます。ここでは、「ミュージック」アプリでの再生方法を紹介します。

音楽ファイルを再生する

1 アプリ画面で [ミュージック] をタップします。初回起動時は、[許可] をタップします。

2 ホーム画面が表示されます。画面左上の☰をタップします。

3 メニューが表示されるので、ここでは [アルバム] をタップします。

4 端末に保存されている楽曲がアルバムごとに表示されます。再生したいアルバムをタップします。

5 アルバム内の楽曲が表示されます。ハイレゾ音源（P.106参照）の場合は、曲名の右に「HR」と表示されています。再生したい楽曲をタップします。

6 楽曲が再生され、画面下部にコントローラーが表示されます。サムネイル画像をタップすると、ミュージックプレイヤー画面が表示されます。

ミュージックプレーヤー画面の見方

3

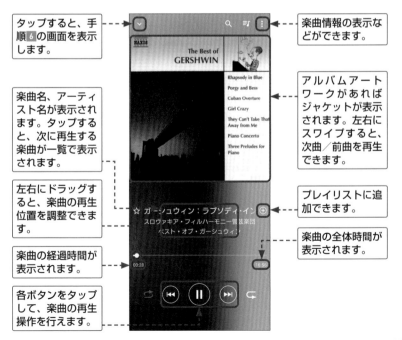

タップすると、手順6の画面を表示します。

楽曲情報の表示などができます。

楽曲名、アーティスト名が表示されます。タップすると、次に再生する楽曲が一覧で表示されます。

アルバムアートワークがあればジャケットが表示されます。左右にスワイプすると、次曲／前曲を再生できます。

左右にドラッグすると、楽曲の再生位置を調整できます。

プレイリストに追加できます。

楽曲の経過時間が表示されます。

楽曲の全体時間が表示されます。

各ボタンをタップして、楽曲の再生操作を行えます。

「設定」アプリ

ハイレゾ音源を再生する

「ミュージック」アプリでは、ハイレゾ音源を再生することができます。また、設定により、通常の音源でもハイレゾ相当の高音質で聴くことができます。

▄▄ ハイレゾ音源の再生に必要なもの

Xperia 5 Vでは、本体上部のヘッドセット接続端子にハイレゾ対応のヘッドホンやイヤホンを接続したり、ハイレゾ対応のBluetoothヘッドホンを接続したりすることで、高音質なハイレゾ音楽を楽しむことができます。

ハイレゾ音源は、Google Play（P.112参照）でインストールできる「mora」アプリやインターネット上のハイレゾ音源販売サイトなどから購入することができます。ハイレゾ音源の音楽ファイルは、通常の音楽ファイルに比べてファイルサイズが大きいので、microSDカードを利用して保存するのがおすすめです。

また、ハイレゾ音源ではない音楽ファイルでも、DSEE Ultimateを有効にすることで、ハイレゾ音源に近い音質（192kHz/24bit）で聴くことが可能です（P.107参照）。

「mora」の場合、Webサイトのストアでハイレゾ音源の楽曲を購入し、「mora」アプリでダウンロードを行います。

MEMO 音楽ファイルをmicroSDカードに移動するには

本体メモリ（内部共有ストレージ）に保存した音楽ファイルをmicroSDカードに移動するには、「設定」アプリを起動して、[ストレージ] → [音声] → [続行]の順にタップします。移動したいファイルをロングタッチして選択したら、⋮→[移動] → [SDカード] →転送したいフォルダ→ [ここに移動] の順にタップします。これにより、本体メモリの容量を空けることができます。

🔳 通常の音源をハイレゾ音源並の高音質で聴く

1 P.16を参考に［設定］アプリを起動して、［音設定］→［オーディオ設定］の順にタップします。

2 ［DSEE Ultimate］をタップして、⬜を⚫に切り替えます。

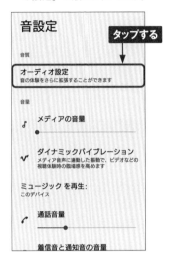

MEMO DSEE Ultimateとは

DSEEはソニー独自の音質向上技術で、音楽や動画・ゲームの音声を、ハイレゾ音質に変換して再生することができます。MP3などの音楽のデータは44.1kHzまたは48kHz/16bitで、さらに圧縮されて音質が劣化していますが、これをAI処理により補完して192kHz/24bitのデータに拡張してくれます。DSEE Ultimateではワイヤレス再生にも対応しており、LDACに対応したBluetoothヘッドホンでも効果を体感できます。

MEMO ダイナミックバイブレーションと立体音響

Xperia 5 Vにはダイナミックバイブレーションという機能があり、音楽や動画の再生時に音に合わせて本体が振動します。手順1の画面で［ダイナミックバイブレーション］をタップすると、オン/オフの設定が可能です。また、手順2の画面で［360 Upmix］をタップしてオンにすると、ヘッドホン限定で通常の音楽ファイルを立体音響で楽しむことができます。なお、［Dolby Sound］をオンにすると、動画やゲームなどのサウンドも立体的に鳴らすことが可能です。

「FMラジオ」アプリ

ラジオ放送を聴く

Xperia 5 Vでは、現在地で放送しているラジオ番組が聴ける「FMラジオ」アプリが利用できます。

---

1 アプリ画面で [FMラジオ] をタップします。

2 ヘッドセットを挿入します。

---

3 聴きたいラジオ局の周波数を選択すると、ラジオを聴くことができます。

4 画面右上の■をタップして、[スピーカーで再生] をタップすると、スピーカーで再生できます。

5 画面右上の●をタップすると、停止します。

「YouTube」アプリ

YouTubeで動画を視聴する

「YouTube」アプリでは、世界中の人がYouTubeに投稿した動画を視聴したり、動画にコメントを付けたりすることができます。ここでは、キーワードで動画を検索して視聴する方法を紹介します。

1 アプリ画面で「YouTube」をタップし、「YouTube」アプリを起動して、Qをタップします。

2 検索欄にキーワードを入力し、Qをタップします。

3 検索結果が一覧で表示されます。動画を選んでタップすると、再生されます。

TIPS 視聴中にほかの動画を探す

動画再生画面を下方向にスワイプすることで、動画を視聴しながらほかの動画を探すことができます。

3

「YouTube」アプリ

YouTubeで気になる動画を保存する

YouTubeで、「面白そうな動画があるけど、今は時間がない」「同じテーマの動画をまとめて見たい」というとき、「後で見る」機能を使えば、動画を登録して後で見ることができます。

1 「YouTube」アプリのホーム画面で、気になる動画の：をタップします。

タップする

2 [[後で見る]に保存]をタップします。これで、「後で見る」リストに登録されます。

タップする

3 「後で見る」リストを確認するには、画面右下の[マイページ]をタップし、[後で見る]をタップします。

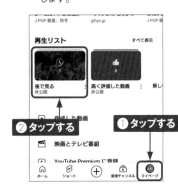

②タップする　①タップする

4 「後で見る」に登録した動画を確認することができます。複数の動画が登録されている場合、[並べ替え]をタップして並べ替えることで、好きな順番で再生することができます。

Googleのサービスや
アプリの便利技

Chapter

4

「Playストア」アプリ

アプリを検索する

Google Playに公開されているアプリをインストールすることで、さまざまな機能を利用することができます。Google Playは「Playストア」アプリから利用することができます。まずは、目的のアプリを探す方法を紹介します。

1 ホーム画面またはアプリ画面で[Playストア]をタップします。

2 「Playストア」アプリが起動するので、[アプリ]をタップし、[カテゴリ]をタップします。

3 アプリのカテゴリが表示されます。画面を上下にスワイプします。

4 見たいジャンル（ここでは[ライフスタイル]）をタップします。

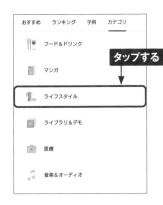

5 「ライフスタイル」のアプリが表示されます。人気ランキングの→をタップします。

6 「無料」の人気ランキングが一覧で表示されます。詳細を確認したいアプリをタップします。

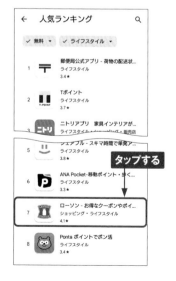

7 アプリの詳細な情報が表示されます。人気のアプリでは、ユーザーレビューも読めます。

MEMO キーワードで検索する

Google Playでは、キーワードからアプリを検索できます。検索機能を利用するには、P.112手順**2**の画面で画面上部の検索ボックスをタップしてキーワードを入力し、キーボードの**Q**をタップします。

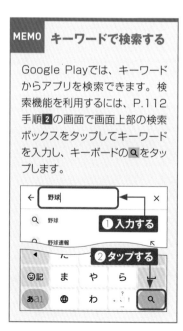

「Playストア」アプリ

アプリをインストール/アンインストールする

Google Playで目的の無料アプリを見つけたら、インストールしてみましょう。なお、不要になったアプリは、Google Playからアンインストール（削除）できます。

アプリをインストールする

1 Google Playでアプリの詳細画面を表示し（P.113手順 6 ～ 7 参照）、[インストール] をタップします。

2 [アカウント設定の完了] が表示されたら、[次へ] をタップします。

3 支払い方法を追加する場合は、選択して、[次へ] をタップします。ここでは、[スキップ] をタップします。

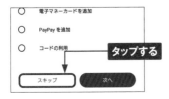

4 アプリのインストールが完了します。アプリを起動するには、[開く]（または [プレイ]）をタップするか、ホーム画面に追加されたアイコンをタップします。

MEMO 有料アプリの購入

有料アプリを購入する場合は、手順 1 の画面で価格が表示されたボタンをタップします。その後、通話料金と一緒に支払ったり、[カードを追加] をタップしてクレジットカードで支払ったり、[コードの利用] をタップしてコンビニなどで販売されている「Google Playギフトカード」で支払ったりすることができます。

■ アプリを更新する／アンインストールする

●アプリを更新する

1 Google Playのトップページでアカウントアイコンをタップし、表示されるメニューの［アプリとデバイスの管理］をタップします。

2 更新可能なアプリがある場合、「アップデート利用可能」と表示され、［すべて更新］をタップするとアプリが一括で更新されます。［詳細を表示］をタップすると更新可能なアプリの一覧が表示されます。

●アプリをアンインストールする

1 左の手順**2**の画面で［管理］をタップすると、インストールされているアプリ一覧が表示されるので、アンインストールしたいアプリをタップします。

2 アプリの詳細が表示されます。［アンインストール］をタップし、［OK］をタップするとアンインストールされます。

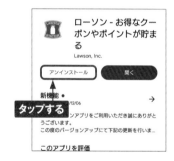

4

MEMO **アプリの自動更新の停止**

初期設定ではWi-Fi接続時にアプリが自動更新されるようになっていますが、自動更新しないように設定することもできます。上記左側の手順**1**の画面で［設定］→［ネットワーク設定］→［アプリの自動更新］の順にタップし、［アプリを自動更新しない］→［OK］の順にタップします。

「設定」アプリ

アプリのインストールや起動時の許可

アプリは、その機能を実現するために、本体のさまざまな機能を利用します。たとえば、SNS系のアプリでは写真を投稿する際に、本体のカメラで写真を撮って投稿できますが、このときSNSアプリは本体のカメラを利用しています。このように、アプリが本体の機能を利用する場合、事前に権限の許可画面が表示されるようになっており、利用者が「許可」「許可しない」を選択できるようになっています。

また、アプリはさまざまな通知を送信します。これらの通知は、以前は標準で許可になっており、通知が不要と思った場合は、事後に通知をオフにする必要がありました。しかし、Android 13以降では、アプリのインストール時や、インストール済みのアプリの場合は初回起動時に利用者が通知の「許可」「許可しない」を選択できるようになりました。

これらの権限や通知の設定は、いつでもアプリごとに変更することができます（P.117〜118参照）。

通知の許可画面

権限（ここではマイクやカメラの利用）の許可画面

アプリの権限を確認する

「設定」アプリ

アプリの中には、本体の機能（位置情報、カメラ、マイクなど）にアクセスして動作するものがあります。たとえば「Gmail」アプリは、カレンダーや連絡先と連携して動作します。こうしたアプリの利用権限（サービスへのアクセス許可）は、アプリの初回起動時に確認されますが、後から見直して設定を変更することができます。

1 アプリ画面で[設定]をタップし、[アプリ] → [○個のアプリをすべて表示] の順にタップします。

2 権限を確認したいアプリ（ここではGmail）をタップします。

3 [許可] をタップします。

4 アプリ（Gmail）がアクセスしているサービスを確認することができます。サービス名をタップして、アプリ（Gmail）への [許可] と [許可しない] を変更することができます。

117

Section **069**

「設定」アプリ

サービスから権限を確認する

「設定」アプリの権限マネージャーを利用すると、サービス側からどのアプリに権限を与えているか（アクセスを許可しているか）を確認することができます。悪意のあるアプリに権限を与えていると、位置情報、カメラ、マイクなどのサービスから、プライバシーに関わる情報が漏れる可能性があります。

1 アプリ画面で[設定]をタップし、[プライバシー] → [権限マネージャー] の順にタップします。

2 サービス（ここでは位置情報）をタップします。

3 サービスにアクセスするアプリが「常に許可」「使用中のみ許可」「許可しない」に分かれて表示されます。

4 アプリ名をタップして [アプリの使用中のみ許可][毎回確認する][許可しない]を変更することができます。

4

118

「設定」アプリ

プライバシーダッシュボードを利用する

「設定」アプリのプライバシーダッシュボードを利用すると、過去24時間にプライバシーに関わるサービスにアクセスしたアプリを調べることができます。またアプリが、カメラとマイクにアクセスしているときには、画面右上にドットインジケーターが表示されます。

1 アプリ画面で[設定]をタップし、[プライバシー] → [プライバシーダッシュボード] の順にタップします。

Android System Intelligence
交流したユーザー、操作したアプリやコンテンツに基づいて候補を表示する

プライバシー ダッシュボード
権限を最近使用したアプリを表示する

権限マネージャー
アプリのデータアクセスを管理する

タップする

パスワードの表示
入力した文字を短い間表示する

ロック画面上の通知
通知内容をすべて表示します

2 プライバシーダッシュボードで、24時間内にカメラ、マイク、位置情報にアクセスしたアプリを確認することができます。[他の権限を表示] をタップすると、24時間内にそのほかのサービスをアクセスしたアプリを確認することができます。

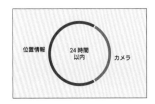

4

MEMO カメラやマイクへのアクセス

アプリがカメラやマイクにアクセスすると、画面の右上にドットインジケーターが表示されます。画面を下方向にスワイプすると、アイコン表示に変わり、タップするとカメラやマイクにアクセスしているアプリを確認することができます。

いずれかのアプリから、カメラやマイクが不正にアクセスされていると判断したときには、クイック設定パネルの [カメラへのアクセス使用可能] [マイクへのアクセス使用可能] をタップすることで、即座にブロックできます。

Googleアシスタント

Googleアシスタントを利用する

Googleアシスタントはアプリを起動するほかにも、電話をかける、メッセージやLINEを送る、Wi-Fiをオン／オフにする、マナーモードを設定するなど、Xperia 5 Vを操作することができます。

1 ホーム画面で[ホーム]をロングタッチして、Googleアシスタントを起動します。

ロングタッチする

2 🎤をタップして、「ライトをつけて」と話しかけます。

タップする

3 背面のフォトライトが点灯します。🎤をタップし、「ライトを消して」と話しかけると、フォトライトが消灯します。

タップする ライトをつけて

MEMO スクリーンショットを撮る

保存したい画面を表示し、Googleアシスタントを起動し、🎤をタップして、「スクリーンショット」と話しかけると、画面のスクリーンショットを撮影でき、保存先や共有先が表示されます。

Googleアシスタント

ルーティンを設定する

Googleアシスタントにアプリ名を発声すると、アプリを起動したり、そのアプリで行う操作の候補が表示されます。また、「ルーティン」を設定すると、ひと言で複数の操作を行うことができます。たとえば、「おはよう」と話しかけて、天気の情報、今日の予定を確認、ニュースを聞くといったことが一度にできます。

1 ホーム画面で[ホーム]をロングタッチして、Googleアシスタントを起動します。

ロングタッチする

2 以下の画面になるまで待ちます。アカウントアイコンをタップします。

はじめまして、太郎さん。Google アシスタントです。知りたいこと、やりたいことをサポートします。例えばこんなことができますよ。

タップする

次のように言ってみてください

連絡を取る
"メッセージを送る"

3 [ルーティン]をタップします。

メモとリスト
メモの作成とリストの管理

ユーザー補助
視覚、聴覚、運動機能、認知機能に障がいを
お持ちの方向けのサポート

タップする

ルーティン
1つのコマンドで複数の操作を行えます

4 初めての場合は[始める]をタップし、設定したい掛け声(ここでは[おはよう])をタップします。

在宅勤務における健康状態の維持
に努めましょう。

ルーティンを設定

自分用ルーティン

いってきます
0件のアクション

タップする

おはよう
8件のアクション >

5 追加したい操作を選択して[保存]をタップすると設定が完了します。なお、手順**4**の画面で[新規]をタップすると、新規にルーティンを作成できます。

おはよう
ルーティンを有効にする

開始条件

アシスタントにこう言ったとき
"おはよう" >

+ 開始条件を追加

アクション

通知する
"こちらが今日のジョークです。"

お天気情報

4

「Gmail」アプリ

Gmailを利用する

Xperia 5 VにGoogleアカウントを登録すると（Sec.032参照）、「Gmail」アプリで、GoogleのメールサービスGmailが利用できるようになります。

受信したメールを閲覧する

1 ホーム画面またはアプリ画面で、[Gmail]をタップします。

2 「Gmail」アプリの受信トレイが表示され、受信したメールの一覧が表示されます。「Gmailの新機能」画面が表示された場合は、[OK] → [GMAILに移動] の順にタップします。読みたいメールをタップします。

3 メールの内容が表示されます。←をタップすると、メイン画面に戻ります。この画面で←をタップすると、メールに返信することができます。

MEMO Googleアカウントの同期

Gmailを使用する前に、Sec. 032の方法であらかじめXperia 5 Vに自分のGoogleアカウントを設定しましょう。P.55手順15の画面で「Gmail」をオンにしておくと（標準でオン）、Gmailも自動的に同期されます。すでにGmailを使用している場合は、受信トレイの内容がそのまま表示されます。

■ メールを送信する

1 P.122を参考に受信トレイなどの画面を表示して、［作成］をタップします。

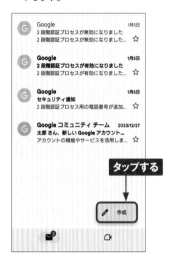

2 メールの「作成」画面が表示されます。［To］をタップして、メールアドレスを入力します。「連絡帳」アプリに登録された連絡先であれば、候補が表示されるので、タップすると入力できます。

3 件名とメールの内容を入力し、▷をタップすると、メールが送信されます。

MEMO　メニューの表示

「Gmail」アプリの画面で、左上の≡をタップすると、メニューが表示されます。メニューでは、「受信トレイ」以外のカテゴリやラベルを表示したり、送信済みメールを表示したりできます。なお、ラベルの作成や振分け設定は、パソコンのWebブラウザで「https://mail.google.com/」にアクセスして行います。

4

「Gmail」アプリ

Gmailにアカウントを追加する

「Gmail」アプリでは、登録したGoogleアカウントをそのままメールアカウントとして使用しますが、Googleアカウントのほか、Yahoo!メールなどのアカウントも、Gmailで利用できます。

1 「Gmail」アプリを開き、プロフィール（アカウントアイコン）写真またはイニシャルをタップします。

2 [別のアカウントを追加] をタップします。

3 使用したいメールアカウントの種類（ここでは [Yahoo]）をタップします。会社メールやプロバイダーメールは、[その他]をタップします。この場合、接続情報の入力が必要になります。また、Yahoo!メールは、Yahoo!側で事前に外部アプリからの接続許可設定が必要です。

4 メールアドレスを入力し、[続ける]をタップします。

5 パスワードを入力して、[次へ] を
タップします。

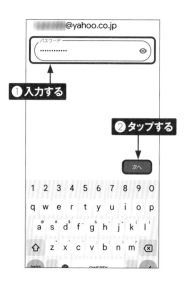

@yahoo.co.jp

❶入力する

❷タップする

次へ

6 オンにしたいオプションを選択し、
[次へ] をタップします。

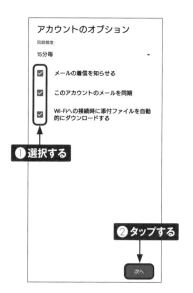

アカウントのオプション

同期頻度:
15分毎

メールの着信を知らせる

このアカウントのメールを同期

Wi-Fiへの接続時に添付ファイルを自動
的にダウンロードする

❶選択する

❷タップする

次へ

7 アカウント名と名前を入力し、[次
へ] をタップすると、アカウントが
追加されます。

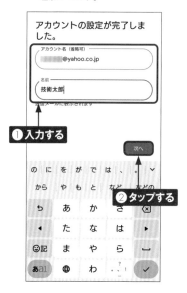

アカウントの設定が完了しま
した。

アカウント名(省略可)
@yahoo.co.jp

名前
技術太郎

❶入力する

❷タップする

次へ

**MEMO アカウントを
切り替える**

アカウントを切り替えてメールを
読むには、P.124手順**2**の画
面で、切り替えたいアカウントを
タップします。

三 メールを検索

× Google

技術太郎
gihyotaro11@gmail.com   3

Google アカウン タップする

ストレージの 1%/15 GB を使用しています

@yahoo.co.jp

別のアカウントを追加

4

メールに署名を自動的に挿入する

Gmailでは、メールの作成時に自動的に署名を挿入するように設定することができます。仕事で使用する場合などに、名前やメールアドレス、電話番号などを署名として設定しておくとよいでしょう。

1 「受信トレイ」画面で≡をタップしてメニューを開きます。

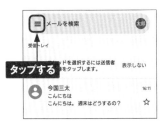

2 [設定] をタップします。

3 署名を設定するGmailアカウントをタップします。

4 [モバイル署名] をタップします。

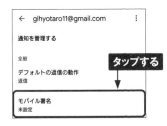

5 署名を入力し、[OK] をタップします。

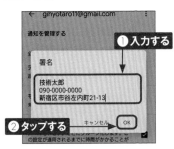

MEMO 署名を削除する

手順**4**の画面で [モバイル署名] をタップし、署名を削除して [OK] をタップすると、署名が削除されます。

「Gmail」アプリ

メールにワンタップで返信する

「Gmail」アプリには、受信したメールの内容に応じて自動的に返信する文面の候補を表示する、スマートリプライ機能があります。候補をタップするだけで返信する文面が作成できるため、すばやい返信が可能です。なお、受信したメールの内容によっては候補が表示されません。

---

1 P.126手順**3**の画面で設定するGmailアカウントをタップします。

2 [スマート機能とパーソナライズ]と[スマートリプライ]のチェックボックスをオンにします。

3 受信したメールの文面によって、返信の候補が画面下部に表示されます。任意の候補をタップします。

4

4 必要に応じて文面を編集し、▷をタップして返信します。

127

「Gmail」アプリ

メールを再通知する

「Gmail」アプリには、メールを指定した日時に再通知するスヌーズ機能があります。会議や待ち合わせなどの少し前に再通知するように設定しておくと、大切な予定を忘れずに済みます。再通知の日時を具体的に指定できるほか、「明日」や「今週末」、「来週」などの候補から設定することができます。

1 スヌーズしたいメールを開き、⋮ を
タップします。

2 [スヌーズ] をタップします。

3 [日付と時間を選択]をタップして、
日付と時間を設定すると、その日
時に再通知されます。なお、[明日]
[今週中][今週末][来週]の
いずれかをタップして設定すること
もできます。

MEMO スヌーズを解除する

「受信トレイ」画面で≡→[スヌーズ中]→任意のメール→⋮→[スヌーズ解除]の順にタップするとスヌーズを解除できます。

不在時に自動送信するメールを設定する

「Gmail」アプリ

「Gmail」アプリは、不在時に不在通知を自動送信するように設定することができます。海外旅行や長期休暇などで返信ができない場合に設定しておくと便利です。連絡先に登録されている相手にのみ自動送信することもできます。

1 P.126手順 **4** の画面で [不在通知] をタップします。

2 [不在通知] をタップして、オンにします。

3 「開始日」と「終了日」の日付をタップして設定し、件名とメッセージを入力して、[完了] をタップします。なお、[連絡先にのみ送信]にチェックを付けると、連絡先に登録されている相手にのみ自動送信されます。

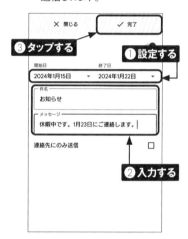

4

MEMO 不在通知をオフにする

手順 **2** の画面で [不在通知] を再度タップすると、不在通知をオフにできます。なお、メッセージなど設定した内容は維持されます。

「カレンダー」アプリ

Googleカレンダーに予定を登録する

Googleカレンダーに予定を登録して、スケジュールを管理しましょう。Googleカレンダーでは、予定に通知を設定したり、複数のカレンダーを管理したり、カレンダーをほかのユーザーと共有したりすることができます。

1 ホーム画面またはアプリ画面で[カレンダー]をタップして、「カレンダー」アプリを開きます。➕ →[予定]の順にタップします。

2 予定の詳細を設定し、[保存]をタップします。

3 予定がカレンダーに登録されます。

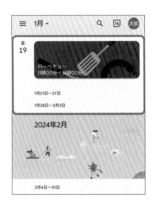

MEMO 表示形式を変更する

手順**1**の画面で≡をタップすると、カレンダーの表示形式を変更できます。

「カレンダー」アプリ

Gmailから予定を自動で取り込む

Googleカレンダーでは、Gmailのメールに記載された予定を読み取り、自動で予定を作成することができます。自動で予定を作成するには、あらかじめ機能をオンに設定しておく必要があります。

1 ホーム画面またはアプリ画面で [カレンダー] をタップして、「カレンダー」 アプリを開き、≡をタップします。

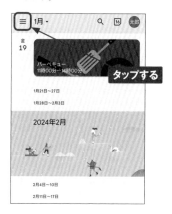

2 [設定] をタップします。

3 [Gmailから予定を作成] をタップします。

4 [Gmailからの予定を表示する] をタップして、オンにします。

131

「マップ」アプリ

マップを利用する

Googleマップを利用すれば、自分の今いる場所を表示したり、周辺のスポットを検索したりすることができます。なお、Googleマップが利用できる「マップ」アプリは、頻繁に更新が行われるので、バージョンによっては本書と表示内容が異なる場合があります。

周辺の地図を表示する

1 ホーム画面またはアプリ画面で、[マップ]をタップすると、初回はこの画面が表示されます。◇をタップします。

タップする

2 「マップ」アプリが、位置情報を使用するための許可画面が表示されます。精度と使用環境を選択します。[正確]と[アプリの使用時のみ]がお勧めの設定です。

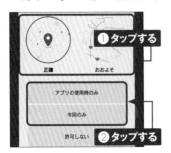

❶タップする

❷タップする

3 現在地周辺の地図が表示されます。画面をピンチ（ここではピンチアウト）します。

ピンチする

4 地図が拡大されます。ピンチで拡大縮小、ドラッグで表示位置の移動ができます。

周辺のスポットを表示する

1 周辺のスポットを検索するには、「マップ」アプリ上部の [ここで検索] をタップします。

タップする

2 「ここで検索」欄に、検索したい施設の種類を入力します。

入力する

3 をタップします。

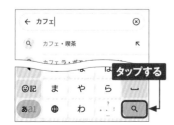

タップする

4 周辺の施設が表示されます。より詳しく見たい施設をタップします。

タップする

5 より詳しい情報が表示されます。

「マップ」アプリ

マップで経路を調べる

「マップ」アプリでは、目的地までの経路を調べることができます。交通機関は徒歩、車、公共交通機関などから選択できます。複数の経路がある場合、詳細を確認して一番便利な経路を選択することができます。

1 P.133手順**2**の画面を表示して、目的地の名前や住所を入力します。

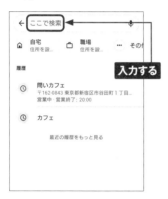

3 場所の情報が表示されます。◆をタップして、[経路]をタップします。

2 Qをタップします。候補が表示されていれば、候補をタップすることもできます。

4 交通手段を選択します。ここでは、公共交通機関をタップします。

5 経路が表示されます。複数表示された場合は、確認したい経路をタップします。

7 公共交通機関の場合は、上部に案内が表示されます。

6 経路の詳細が表示されます。[ナビ開始] をタップします。

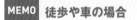

MEMO 徒歩や車の場合

徒歩や車などの交通手段を選択している場合は、[ナビ開始] をタップすると、3Dマップが表示されます。

4

「マップ」アプリ

訪れた場所や移動した経路を確認する

「マップ」アプリでは、ロケーション履歴またはタイムライン（TimeLine）をオンにすることにより、訪れた場所や移動した経路が記録されます。日付を指定して詳細な移動履歴が確認できるため、旅行や出張などの記録に重宝します。なお、同じGoogleアカウントを利用すると、パソコンからも同様に移動履歴を確認することができます。

ロケーション履歴をオンにする

1 アプリ画面で［設定］をタップし、［位置情報］をタップします。

2 「位置情報の使用」がオフの場合はタップして、オンにします。［位置情報サービス］をタップします。

3 ［Timeline］→［Timeline is off］または、［Googleロケーション履歴］をタップします。

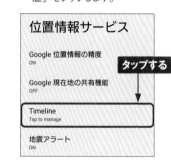

4 ［オンにする］→［オンにする］→［OK］をタップします。タイムラインまたは、ロケーション履歴がオンになり、訪れた場所や移動経路が記録されます。

移動履歴を表示する

1 「マップ」アプリでプロフィール写真またはイニシャル（アカウントのアイコン）をタップします。

タップする

2 ［タイムライン］をタップします。初回は［表示］→［次へ］の順にタップします。なお、［タイムライン］は、表示されるまでに時間がかかることがあります。

タップする

3 ［今日］をタップします。

タップする

4 履歴を確認したい日付をタップします。

タップする

5 訪れた場所と移動した経路が表示されます。

MEMO 履歴を削除する

訪れた場所の履歴を削除するには、手順**5**の画面で場所をタップして［削除］をタップします。その日の履歴をすべて削除するには、⋮→［1日分をすべて削除］→［削除］の順にタップします。

マップに自宅と職場を設定する

「マップ」アプリ

「マップ」アプリでは、「自宅」と「職場」など、自分がよくいる場所をあらかじめ設定することができます。これらの場所を設定しておくことで、経路をすばやく確認できるようになります。

1 「マップ」アプリで［ここで検索］をタップします。

2 ［自宅］または［職場］をタップします。

3 自宅や職場の住所を入力し、下に表示された住所をタップします。

4 ［完了］をタップすると、住所を設定できます。

5 手順**2**の画面で［自宅］をタップすると、自宅を出発地または目的地とした経路検索をすばやく行えます。

よく行く場所をマップに追加する

「マップ」アプリ

「マップ」アプリでは、特定の場所を「お気に入り」「行ってみたい」「スター付き」として追加することができます。よく行くお店や施設を追加しておくとよいでしょう。「お気に入り」は、同じGoogleアカウントを利用するとパソコンやタブレットでも共有できます。

1 「マップ」アプリで任意のお店や施設をタップし、お店や施設の名前をタップします。

2 [保存] をタップします。

3 お気に入りに追加するには、[お気に入り] をタップして、[完了] をタップします。なお、[スター付き] や [行ってみたい] をタップして、それぞれに追加することもできます。

4 手順**1**の画面で [保存済み] をタップすると、お気に入りに追加した場所を確認できます。

139

「マップ」アプリ

友達と現在地を共有する

「マップ」アプリは、SMSやメールを利用して、友達などに現在いる場所のリンクを送信することができます。リンクを受け取った友達は、「マップ」アプリを開いて居場所を確認できるほか、自分が現在いる場所を知らせることができます。

1 P.137手順2の画面で、[現在地の共有] → [現在地の共有] の順にタップします。次回以降は [新たに共有] をタップします。

2 共有したい人をタップします。または、[その他] をタップして電話番号やメールアドレスを入力します。

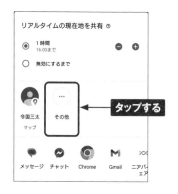

3 リンクで共有することを確認して、[共有] をタップします。

4 [リクエスト] → [リクエスト] の順にタップして、共有をリクエストします。

「Googleレンズ」

画面に写したテキストを翻訳する

Googleレンズを使うと、カメラに写したテキストを画面内でリアルタイムで翻訳することができます。街中の看板や、商品の説明など、外国語で書いてある短文をすぐに知りたいときに便利に使えます。

1 Googleレンズを起動して、翻訳するテキストにカメラをかざし、[翻訳]をタップします。

2 画面上の言語が自動検出されます。翻訳後の言語を設定します。

3 画面のテキストがリアルタイムに翻訳されます。

TIPS 翻訳したテキストを利用する

手順**3**でシャッターボタンをタップすると、翻訳したテキストをコピーしたり、音声で聞いたりすることができます。

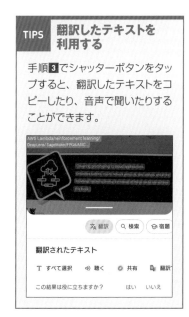

4

ウォレットにクレカを登録する

「ウォレット」アプリはGoogleが提供する決済サービスで、Suica、nanaco、PASMO、楽天Edy、WAONが利用できます。QUICPayやiD、コンタクトレス対応のクレジットカードやプリペイドカードを登録すると、キャッシュレスで支払いができます。

1 Sec.065〜066を参考に「Googleウォレット」アプリをインストールして起動します。[ウォレットに追加] をタップします。

3 クレジットカードにカメラを向けて枠に映すと、カード番号が自動で読み取られます。

2 クレジットカードを登録する場合は、[クレジットやデビットカード] をタップします。

4 正しく読み取りができた場合は、カード番号と有効年月が自動入力されるので、クレジットカードのセキュリティコードを入力します。

ウォレットで支払う

「ウォレット」アプリ

「ウォレット」アプリに対応クレジットカードを登録したら、お店でキャッシュレス払いに使ってみましょう。読み取り機にXperia 5 Vをかざすだけで支払いが完了するため便利です。なお、QUICPayやiD、コンタクトレスクレカの決済に対応していないクレジットカードの場合でも、ネットサービスの決済であれば利用できます。

1 キャッシュレス対応の実店舗で、会計をするときに、QUICPayやiD、コンタクトレスクレカで支払うことを店員に伝えます。

QUICPayで
支払います

店員　　客

2 レジの読み取り機にXperia 5 Vをかざすと支払いが完了します。

読み取り機

3 支払い履歴を確認するには、確認したいサービスを選択します。

ウォレット

Google ウォレットへようこそ ×
タッチ決済、ポイントカードでの
ショッピング、航空機への搭乗な
どをスマートフォンで行えます
ウォレットの詳細

タップする

クレジット カードまたはデビットカード

Visa
••••

すばやく安全にお支払い ×
電子マネーに対応している場所な

4 :をタップし、[ご利用履歴]をタップすると、一覧で表示されます。

Visa ••••

バーチャル アカウント番号
iD •••• 2377

タップする

ご利用履歴

有効な iD カード　　無効にする

ニックネームを追加

支払い方法の詳細

三井住友カード株式会社 に電話する

「ウォレット」アプリ

ウォレットに楽天Edyを登録する

「ウォレット」アプリに電子マネーを登録すると、クレジットカードの場合と同様に、お店でのキャッシュレス払いに使えます。楽天Edyを登録する方法を紹介しますが、Suica、nanaco、PASMO、WAONも同様の手順で登録できます。なお、電子マネーを利用するには、おサイフケータイアプリとモバイルFelicaクライアントアプリがインストールされている必要があります。

1 P.142手順**1**の画面で［ウォレットに追加］をタップし、［電子マネー］をタップします。

3 ［カードを作成］をタップします。

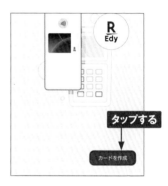

2 ［楽天Edy］をタップします。

4 プライバシーポリシーを承認すると、楽天Edyがウォレットに追加されます。

ポイントカードを管理する

「ウォレット」アプリ

「ウォレット」アプリでは、各種ポイントカードを登録して利用することができます。現在対応している主なポイントカードは、dポイントカード、Pontaカード、楽天ポイントカードなどです。登録したポイントカードは、タップしてカードを表示して店頭で利用します。たとえばTカードの場合、バーコードが表示されるので、それを店頭で読み取ってもらいます。

1 P.142手順**1**の画面で [ウォレットに追加] をタップし、[ポイントカード] をタップします。

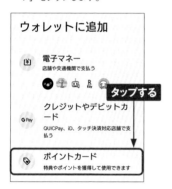

2 登録したいポイントカード（ここでは [Ponta]）をタップします。

3 [アカウントにログイン] をタップします。

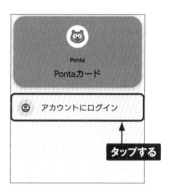

4 カードを追加する場合は、会員登録やログインが必要です。

4

「Files」アプリ

「Files」アプリでファイルを開く

「Files」アプリは、本体内のさまざまなファイルにアクセスすることができます。写真や動画、ダウンロードしたファイルなどのほか、Googleドライブに保存されているファイルを開くこともできます。

1 アプリ画面で［Files］をタップして、「Files」アプリを起動します。［見る］をタップし、［ダウンロード］をタップします。

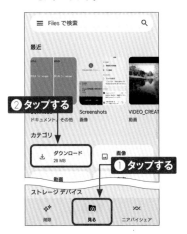

2 開きたいファイルをタップします。

3 ファイルが開きます。

TIPS 「安全なフォルダ」を利用する

「Files」アプリから利用できる「安全なフォルダ」は、画面ロック解除の操作を行わないと保存したファイルを見ることができないフォルダです。「フォト」アプリの「ロックされたフォルダ」と同様の機能です。「Files」アプリで、［見る］→［安全なフォルダ］の順にタップして設定します。

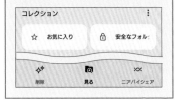

「Files」アプリ

「Files」アプリからGoogleドライブに保存する

「Files」アプリでアクセスできる写真や動画は、「Googleドライブ」アプリをインストールしていれば、直接Googleドライブに保存することができます。「Dropbox」アプリや「OneDrive」アプリなどをインストールしていれば、それらにも直接保存が可能です。また、Gmailに写真や動画を添付したり、特定の相手と写真や動画を共有したりすることもできます。

1 Sec.065〜066を参考に「Googleドライブ」アプリをインストールしておきます。P.146手順**3**の画面で、をタップします。

2 [ドライブ] をタップします。

3 ファイル名を入力し、保存先のフォルダを選択して、[保存] をタップします。

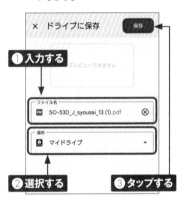

4 「ドライブ」アプリで、Googleドライブに保存したファイルを確認することができます。

「Files」アプリ

ニアバイシェアでファイルを共有する

「Files」アプリのニアバイシェアを使うと、周囲のAndroidスマートフォンにファイルやアプリを送信することができます。ニアバイシェアは、Bluetoothで同期をとり、Wi-Fiを使ってデータをやり取りします。ニアバイシェアは、「設定」アプリのほか、オン／オフをクイック設定パネルからも切り替えることができます。

1 「Files」アプリを開き、[ニアバイシェア] をタップして [送信] をタップします。

3 受信側で「Files」アプリを開き、[ニアバイシェア] → [受信] をタップします。ニアバイシェアがオンになります。

2 送信するファイルを選んで、[続行] → [許可] の順にタップします。

4 見つかった送信相手をタップします。

5 受信側は［承認する］をタップします。

タップする

6 受信側は、ファイルの受信が終わったら［ダウンロードを表示］をタップします。

タップする

7 受信側で「Files」アプリの「ダウンロード」が開き、受信したファイルを確認することができます。

4

149

「Files」アプリ

不要なデータを削除する

「Files」アプリを使うと、ジャンクファイルやストレージにある不要データを、かんたんに見つけて削除することができます。不要データの候補には、「アプリの一時ファイル」、「重複ファイル」、「サイズの大きいファイル」、「過去のスクリーンショット」、「使用していないアプリ」などが表示されます。

1 「Files」アプリを開いて、[削除]をタップします。

2 ダッシュボードに表示された、削除するデータの候補の[ファイルを選択]をタップします。

3 削除するデータを選択する画面で、ファイルやアプリを選択して[○件のファイルをゴミ箱に移動]をタップします。

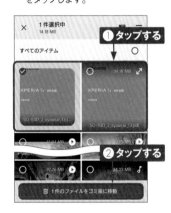

4 [○件のファイルをゴミ箱に移動]をタップすると、データが削除されます。

Googleドライブにバックアップを取る

「設定」アプリ

本体ストレージ内のデータを自動的にGoogleドライブにバックアップするように設定することができます。バックアップできるデータは、アプリとアプリのデータ、通話履歴、連絡先、デバイスの設定、写真と動画、SMSのデータです。

1 アプリ画面で[設定]をタップし、[システム]をタップします。

パスワードとアカウント
保存されているパスワード、自動入力、同期されているアカウント

Digital Wellbeing と保護者による使用制限
利用時間、アプリタイマー、おやすみ時間のスケジュール

G Google
サービスと設定
タップする

🔅 システム
言語と入力、日付と時刻、バックアップ

2 [バックアップ]をタップします。

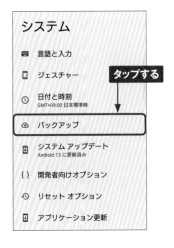

システム

🖮 言語と入力

📱 ジェスチャー
タップする

🕐 日付と時刻
GMT+09:00 日本標準時

☁ バックアップ

📱 システム アップデート
Android 13 に更新済み

{ } 開発者向けオプション

🔄 リセット オプション

📱 アプリケーション更新

3 [Google Oneバックアップ]がオフの場合はタップしてオンにします。

バックアップ

☁ アカウントの保存容量
gihyotaro11@gmail.com
●
260 MB/15 GB（2%）を使用中
タップする

ストレージを管理

① Google One
バックアップ
SOG12・5 時間前 11:56 ⬤

今すぐバックアップ

デバイスがアイドル状態で 2 時間充電されているときに、Wi-Fi 経由で自動的にバックアップされます

4

MEMO 画像フォルダのバックアップ

撮影した写真や動画は、自動的にGoogleドライブにバックアップされます。ダウンロードした画像やスクリーンショットをバックアップする場合は、「フォト」アプリで、[ライブラリ]→（「デバイス内の写真」欄のフォルダ名）の順にタップし、[バックアップ]をオンにします。

「ドライブ」アプリ

Googleドライブの利用状況を確認する

Googleドライブの容量と利用状況は、「ドライブ」アプリから確認することができます。Googleドライブの容量が足りなくなった場合や、もっとたくさん利用したい場合は、手順 **2** の画面か「Google One」アプリから、有料の「Google One」サービスにアップグレードして容量を増やすことができます。

1 「ドライブ」アプリを開いて、≡→[ストレージ] の順にタップします。

2 現在のGoogleドライブの容量と利用状況が表示されます。

TIPS 「Google One」アプリ

Googleドライブの容量と利用状況は、「Google One」アプリをインストールすれば、「Google One」アプリからも確認することができます。「Google One」アプリを開いて、[使ってみる] → [スキップ] → [ストレージ] の順にタップします。また有料の「Google One」サービスにアップグレード後は、「Google One」アプリでサポートや特典を受けることができます。

さらに使いこなす活用技

Chapter

5

「設定」アプリ

設定項目を検索する

「設定」アプリはカテゴリが多く、設定項目によっては階層が深いものがあります。すばやく設定項目にたどり着くために、キーワードで設定項目を検索するとよいでしょう。

1 アプリ画面で［設定］をタップし、［設定を検索］をタップします。

設定

Q 設定を検索

📶 ネットワークとインターネット
モバイル、Wi-Fi、アクセス ポイント

タップする

📳 機器接続
Bluetooth、Android Auto、NFC

📱 アプリ
アプリの権限、標準アプリ

🔔 通知
通知履歴、会話

2 設定項目に関するキーワードを入力し、候補をタップします。

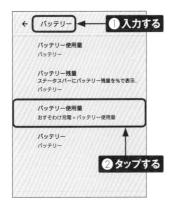

← バッテリー ← **❶ 入力する**

バッテリー使用量
バッテリー

バッテリー残量
ステータスバーにバッテリー残量を%で表示..
バッテリー

バッテリー使用量
おすそわけ充電 > バッテリー使用量

バッテリー
バッテリー

❷ タップする

3 選択した設定項目の内容が表示されます。

←

バッテリー使用量

100%

17 時間前

フル充電以降のバッテリー使用量

▲ モバイル ネットワーク   3%

TIPS 「開発者向けオプション」を使用する

［デバイス情報］をタップして、［ビルド番号］を連続で7回タップすると、［システム］をタップして表示される［開発者向けオプション］が利用できるようになります。

{ } 開発者向けオプション

↺ リセット オプション

🔲 アプリケーション更新

5

「設定」アプリ

ホーム画面を変更する

「設定」アプリから、ホーム画面を変更することができます。使いやすいものに変更しましょう。なお、本書では、ホーム画面を「Xperiaホーム」に設定した状態で解説を行っています。ここでは、ドコモ版の画面で解説しています。

1 アプリ画面で「設定」をタップし、[アプリ]をタップします。

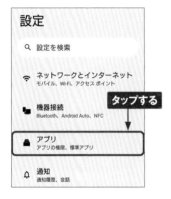

3 [ホームアプリ]をタップします。

2 [標準のアプリ]をタップします。

4 使用したいホーム画面（ここでは [Xperiaホーム]）をタップします。

「おサイフケータイ」アプリ

おサイフケータイを設定する

Xperia 5 Vはおサイフケータイ機能を搭載しています。電子マネーの楽天Edy、nanaco、WAON、QUICPayや、モバイルSuica、各種ポイントサービス、クーポンサービスに対応しています。

1 アプリ画面で、[おサイフケータイ] をタップします。

2 初回起動時はアプリの案内が表示されるので、[次へ] をタップします。続けて、利用規約が表示されるので、チェックを付け、[次へ] をタップします。「初期設定完了」と表示されるので [次へ] をタップします。

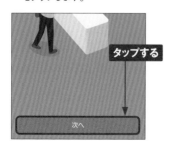

3 Googleアカウントの連携についての画面が表示されたら、ここでは [次へ] → [ログインはあとで] をタップします。

4 通知やICカードの残高読み取り機能、キャンペーンの配信などについての画面が表示されたら、画面の指示に従い操作します。

5 [おすすめ]をタップすると、サービスの一覧が表示されます。ここでは、[nanaco]をタップします。

6 「おサイフケータイ」アプリは、サービス全体を管理するアプリで、個別のサービスの利用には、専用のアプリが必要になります。[アプリケーションをダウンロード]をタップします。

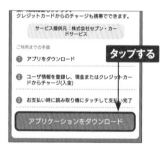

7 「nanaco」アプリの画面が表示されます。[インストール]をタップします。

8 インストールが完了したら、[開く]をタップします。

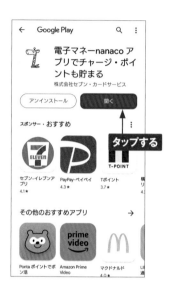

9 「nanaco」アプリの初期設定画面が表示されます。画面の指示に従って初期設定を行います。

「設定」アプリ

Bluetooth機器を利用する

Bluetooth対応のキーボード、イヤフォンなどとのペアリングは以下の手順で行います。
Bluetoothは、ほかの機器との通信のほかに、ニアバイシェアなどで付近のスマートフォンとのデータ通信にも使用されます。

1 接続するBluetooth機器の電源をオンにし、「設定」アプリで、[機器接続] → [新しい機器とペア設定する] の順にタップします。

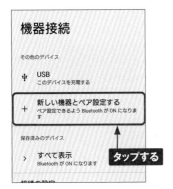

2 接続するBluetooth機器名をタップします。

3 [ペア設定する] をタップします。ペアリングコードを求められた場合は、入力します。

4 Bluetooth機器が接続されます。なお、接続を解除するには、機器の名前の横の ✿ をタップし、[接続を解除] をタップします。

MEMO NFC対応機器を接続する

NFC対応のBluetooth機器を接続する場合は、手順**1**の画面で [接続の設定] をタップし、「NFC/おサイフケータイ」がオンになっていることを確認して、背面を機器のNFCマークに近付け、画面の指示に従って接続します。

Wi-Fiテザリングを利用する

「設定」アプリ

Wi-Fiテザリングを利用すると、Xperia 5 VをWi-Fiアクセスポイントとして、タブレットやパソコンなどをインターネットに接続できます。なお、Wi-Fiテザリングは携帯電話会社や契約によって、申し込みが必要であったり、有料であったりするので、事前に確認しておきましょう。

1 アプリ画面で［設定］をタップし、［ネットワークとインターネット］→［テザリング］→［Wi-Fiテザリング］をタップします。

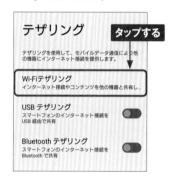

2 ［Wi-Fiアクセスポイントの使用］をタップして、オンにします。なお、「ネットワーク名」「セキュリティ」「Wi-Fiテザリングのパスワード」の各項目は、タップして変更することができます。

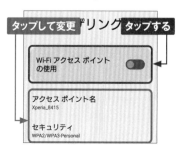

3 確認画面が表示されたら、［OK］をタップします。Wi-Fiテザリングが利用できるようになります。「ネットワーク名」の右のQRコードアイコンをタップします。

4 アクセスポイント名やパスワード情報が記載されたQRコードが表示されます。これを他機器で読み取ることで、接続の際の入力の手間を省くことができます。

5

「設定」アプリ

データ通信量が多いアプリを探す

契約している携帯電話会社のデータプランで定められている月々のデータ通信量を上回ると通信速度に制限がかかることもあります。アプリごとのデータ通信量を調べることができるので、通信量が多いアプリを見つけて、対処をするとよいでしょう。

1 アプリ画面で「設定」をタップし、[ネットワークとインターネット] → [インターネット] をタップします。

2 利用しているネットワーク名の ⚙ をタップします。

3 [アプリのデータ使用量] をタップします。

4 データ通信量の多い順にアプリが一覧表示され、それぞれのデータ通信量を確認できます。

5

「設定」アプリ

アプリごとに通信を制限する

アプリの中には、使用していない状態でも、バックグラウンドでデータの送受信を行うものがあります。バックグラウンドのデータ通信はアプリごとにオフにすることができるので、データ通信量が気になるアプリはオフに設定しておきましょう。ただし、バックグラウンドのデータ通信がオフになると、アプリからの通知が届かなくなるなどのデメリットもあることに注意してください。

1 P.160手順4の画面で、バックグラウンドのデータ通信をオフにしたいアプリをタップします。

3 バックグラウンドのデータ通信がオフになります。

2 [バックグラウンドデータ]をタップします。

MEMO	データセーバーを使用する

データセーバーを使用すると、複数のアプリのバックグラウンドのデータ通信を一括してオフにできます。データセーバーをオンにするには、P.160手順1の画面で[データセーバー]→[データセーバーを使用]の順にタップします。

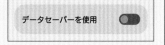

「設定」アプリ

通知を設定する

アプリやシステムからの通知は、「設定」アプリで、通知のオン/オフを設定することができます。アプリによっては、通知が機能ごとに用意されています。たとえばSNSアプリには、「コメント」「いいね」「おすすめ」「最新」「リマインダーなどを受信したとき」それぞれの通知があります。これらを個別にオン/オフにすることもできます。

通知をオフにする

1 ステータスバーを下方向にスライドし、通知をロングタッチします。

2 ⚙をタップします。

3 「設定」アプリの「通知」が開き、手順**1**で選んだ通知がハイライト表示されます。

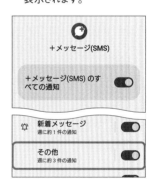

4 右側のトグルをタップすると、その通知がオフになります。

アプリごとに通知を設定する

1 ステータスバーを下方向にスライドし、[管理]をタップします。

2 「設定」アプリの「通知」が開きます。[アプリの設定]をタップします。

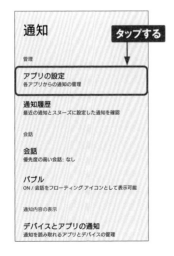

3 アプリ名の右側のトグルをタップすると、そのアプリのすべての通知がオフ/オンにになります。[新しい順]をタップすると、通知件数の多いアプリや、通知がオフになっているアプリを表示することができます。

4 手順**3**の画面でアプリ名をタップします。アプリによって、機能ごとの通知を個別にオン/オフにすることができます。

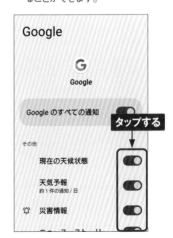

Section **106**

「設定」アプリ

通知をサイレントにする

アプリやシステムからの通知は、標準では音とバイブレーションでアラートされます。通知が多くてアラートが鬱陶しいときは、アラートをオフにしてサイレントにすることができます。届いた通知から個別に設定できるので、重要度の低い通知をサイレントにするとよいでしょう。

1 ステータスバーを下方向にスライドして、サイレントにする通知をロングタッチします。

2 [サイレント] をタップします。

3 [適用] をタップします。

4 再度手順**1**の画面を表示すると、設定した通知が「サイレント」の項目に入り、音とバイブレーションがオフになっています。

164

通知のサイレントモードを使う

[設定]アプリ

すべての通知をアラートしなくなるのがサイレントモードです。サイレントモードをオンにすると、手動でオフにするか、設定時間が経過するまで継続します。また"通知の割り込み"で、サイレントモード中であっても通知される人物や、アプリを指定することができます。

1 アプリ画面で[設定]をタップし、[通知] → [サイレントモード]の順にタップします。

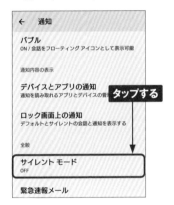

2 [今すぐONにする]をタップすると、サイレントモードがオンになります。[人物]をタップします。

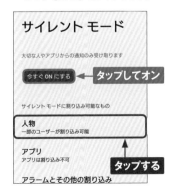

3 サイレントモード中でも割り込んでアラートされる通知を設定することができます。手順**2**の画面で[アプリ]をタップしても、同様の設定ができます。

MEMO サイレントモードの時間を設定する

手順**2**の画面で、[クイック設定の持続時間]をタップすると、サイレントモードの継続時間を設定することができます。

5

「設定」アプリ

通知の履歴を見る

通知は再表示されないので、うっかりスワイプして削除した通知は、後から確認することができません。通知の履歴機能をオンにしておくと、過去24時間に削除した通知を見返すことができます。

1 ステータスバーを下方向にスライドして、[履歴]になっている場合は手順**4**に進んでください。[管理]の場合はタップします。

2 「設定」アプリの「通知」が開くので、[通知履歴]をタップします。

3 [通知履歴を使用]をタップしてオンにします。

4 再度手順**1**の画面を表示して、[履歴]をタップします。

5 「最近非表示にした通知」と「過去24時間」に分けて、通知の履歴が表示されるようになります。

「設定」アプリ

通知のスヌーズを利用する

届いた通知を開いたり削除したりせずに、後に再表示させるのが通知のスヌーズ機能です。今は忙しくて対応する時間がないけれど、忘れずに後で見たいニュースや、返信したいメッセージなどの通知に有効です。

1 ステータスバーを下方向にスライドし、[管理]をタップします。[履歴]になっている場合は、「設定」アプリから「通知」を開きます。

2 [通知のスヌーズを許可]がオフの場合は、タップしてオンにします。

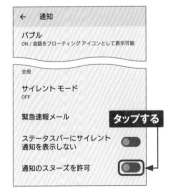

3 通知の右下に🕓が表示されるようになるので、タップします。

4 [スヌーズ:1時間]をタップするか、∨をタップしてスヌーズの時間を15分、30分、2時間から選びます。そのまま画面を上方向にスワイプして通知パネルを閉じます。

5 手順**4**で指定した時間が経過すると、再び通知が表示されます。

5

「設定」アプリ

ロック画面に通知を表示しないようにする

初期状態では、ロック画面に通知が表示されるように設定されています。目を離した隙に他人に通知をのぞき見されてしまう可能性があるため、不安がある場合はロック画面に通知が表示されないように変更しておきましょう。

1 アプリ画面で「設定」をタップし、[通知] をタップします。

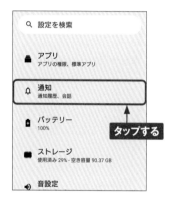

2 [ロック画面上の通知] をタップします。

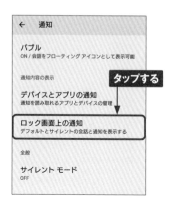

3 [通知を表示しない] をタップします。

4 ロック画面に通知が表示されなくなります。

スリープ状態で画面を表示する

「設定」アプリ

Xperia 5 Vには、スリープ状態でも、日時や通知アイコンなどの情報を一定時間画面に表示する「アンビエント表示」機能があります。

1 アプリ画面で「設定」をタップし、[画面設定] をタップします。

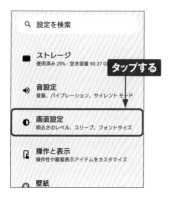

Q 設定を検索

■ ストレージ
使用済み 29% - 空き容量 90.37 G〔**タップする**〕

◆) 音設定
音量、バイブレーション、サイレント モード

◐ 画面設定
明るさのレベル、スリープ、フォントサイズ

⬜ 操作と表示
操作性や画面表示アイテムをカスタマイズ

⊙ 壁紙

2 [ロック画面] をタップします。

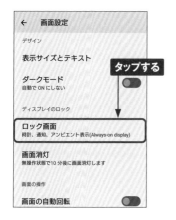

← 画面設定

デザイン

表示サイズとテキスト

タップする

ダークモード
自動で ON にしない

ディスプレイのロック

ロック画面
時計、通知、アンビエント表示(Always-on display)

画面消灯
無操作状態で10 分後に画面消灯します

画面の操作

画面の自動回転

3 [時間と情報を常に表示] をタップしてオンにします。

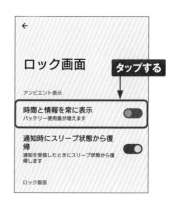

←

ロック画面　**タップする**

アンビエント表示

時間と情報を常に表示
バッテリー使用量が増えます

通知時にスリープ状態から復帰
通知を受信したときにスリープ状態から復帰します

ロック画面

4 時計や情報が表示されます。

14:54
1月18日木曜日

5

「設定」アプリ

いたわり充電を設定する

「いたわり充電」とは、Xperia 5 Vが充電の習慣を学習して電池の状態をより良い状態で保ち、電池の寿命を延ばすための機能です。設定しておくと、Xperia 5 Vを長く使うことができます。

1 アプリ画面で［設定］をタップし、［バッテリー］→［いたわり充電］の順にタップします。

3 ○が○になり、いたわり充電機能がオンになります。

2 「いたわり充電」画面が表示されます。画面上部の［いたわり充電の使用］が○になっている場合はタップします。

4 ［手動］をタップすると、いたわり充電の開始時刻と満充電目標時刻を設定できます。

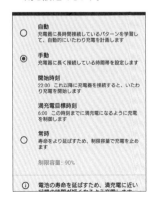

170

「設定」アプリ

おすそわけ充電を利用する

Xperia 5 Vには、スマートフォン同士を重ね合わせて相手のスマートフォンを充電する「おすそわけ充電」機能があります。Qi規格のワイヤレス充電に対応した機器であれば充電可能です。

1 アプリ画面で[設定]をタップし、[バッテリー]→[おすそわけ充電]の順にタップします。

バッテリー

100%

充電が完了しました

タップする

バッテリー使用量
前回のフル充電からの使用状況を表示する

▶ 電池の寿命を延ばすため、満充電に近い時間の時間を短くします

⊡• おすそわけ充電
本機からQi対応機器へ、充電供給を行います

自動調整バッテリー

2 [おすそわけ充電の使用]をタップします。

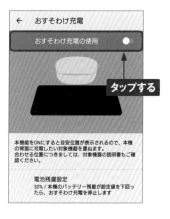

← おすそわけ充電

おすそわけ充電の使用 ⬤

タップする

本機能をONにすると目安位置が表示されるので、本機の背面に充電したい対象機器を重ねます。
合わせる位置につきましては、対象機器の説明書もご確認ください。

電池残量設定
30%／本機のバッテリー残量が設定値を下回ったら、おすそわけ充電を停止します

3 おすそわけ充電が有効になり、充電の目安位置が表示されます。相手の機器の充電可能位置を目安位置の背面に重ねると、充電が行われます。

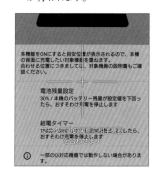

本機能をONにすると目安位置が表示されるので、本機の背面に充電したい対象機器を重ねます。
合わせる位置につきましては、対象機器の説明書もご確認ください。

電池残量設定
30%／本機のバッテリー残量が設定値を下回ったら、おすそわけ充電を停止します

給電タイマー
180分／ONにしてから設定時間が経過したら、おすそわけ充電を停止します

ⓘ 一部のQi対応機器では動作しない場合があります。

4 手順**3**の画面で[電池残量設定]をタップすると、Xperia 5 Vに残しておくバッテリー残量を設定できます。この値を下回るとおすそわけ充電は停止します。

電池残量設定

90

30 %

35

キャンセル　OK

180分／ONにしてから設定時間が経過したら、おすそわけ充電を停止します

5

「設定」アプリ

バッテリーを長持ちさせる

自動調整バッテリー機能は、ユーザーの利用状況に応じて、使用頻度の低いサービスやアプリのバックグラウンドでの起動を抑制してバッテリーの消費を抑えます。

1 アプリ画面で「設定」をタップし、[バッテリー] をタップします。

3 [自動調整バッテリー] がオフの場合は、タップしてオンにします。

2 [自動調整バッテリー] をタップします。

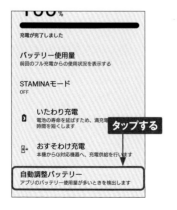

MEMO STAMINAモード

手順 **2** の画面で [STAMINAモード] をタップし、[STAMINAモードの使用] をタップして、オンにすると、電池を長持ちさせるため、電力消費の多い機能が制限されます。

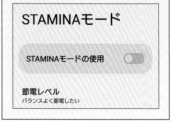

5

アプリの利用時間を確認する

「設定」アプリ

利用時間ダッシュボードを使うと、利用時間をグラフなどで詳細に確認できます。各アプリの利用時間のほか、起動した回数や受信した通知数も表示されるので、ライフスタイルの確認に役立ちます。

1 アプリ画面で「設定」をタップし、[Digital Wellbeingと保護者による使用制限] をタップします。

2 今日の各アプリの利用時間が円グラフで表示されます。[今日] をタップします。

3 直近の曜日の利用時間がグラフで表示されます。任意の曜日をタップします。

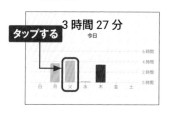

4 手順3でタップした曜日の利用時間が表示されます。画面下部には各アプリの利用時間が表示されます。

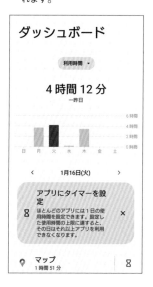

5

MEMO 通知数や起動回数を確認する

手順3の画面で、画面上部の[利用時間] をタップして、[受信した通知数] や [起動した回数] をタップすると、それぞれの回数をアプリごとに確認できます。

「設定」アプリ

アプリの利用時間を制限する

Digital Wellbeingでは、各アプリの利用時間をあらかじめ設定しておくことができます。利用時間が経過すると、アプリが停止して利用できなくなります。ゲームやSNSなど、利用時間が気になるアプリで設定しておき、ライフスタイルを改善しましょう。

1 P.173手順**4**の画面で、利用時間を設定するアプリをタップし、[アプリタイマー]をタップします。

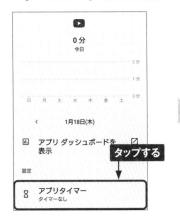

2 利用時間を設定して、[OK]をタップします。設定した時間が経過すると、翌日までアプリを利用できなくなります。

TIPS フォーカスモード

仕事や勉強に集中したいとき、妨げになるアプリを停止するのがフォーカスモードです。設定した時間内は指定したアプリを起動できなくなり、アプリからの通知も届かなくなります。「設定」アプリ→[Digital Wellbeingと保護者による使用制限]→[フォーカスモード]から設定します。

おやすみ時間モードにする

「設定」アプリ

「おやすみ時間モード」は就寝時に利用するモードです。標準では、設定時間に通知が
サイレントモードに、画面がグレースケールになります。おやすみ時間モードを一旦設定
すれば、変更は「時計」アプリからも行えるほか、機能ボタンが追加され、ここからオン
／オフ切り替えられます。

1 P.173手順**2**の画面で、[おや
すみ時間モード]をタップします。
初回はこの画面が表示されるの
で、[次へ]をタップします。

2 おやすみ時間モードがオンになる
時間や曜日を設定して、[完了]
をタップします。

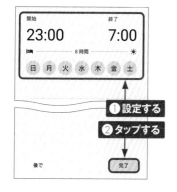

3 次の画面で[許可しない]または
[許可]をタップします。

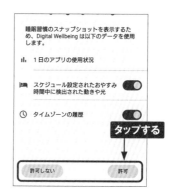

4 [今すぐONにする]をタップする
と、すぐにおやすみ時間モードが
オンになります。初回以降、
P.173手順**2**の画面で、[おや
すみ時間モード]をタップすると、
設定を変更できます。

5

175

「設定」アプリ

画面消灯までの時間を変更する

スマートバックライトを設定していても、手に持っていない場合は画面が消灯してしまいます。画面が消灯するまでの時間が短いなと思ったら、設定を変更して時間を長くしておきましょう。

1 P.16を参考に「設定」アプリを起動して、[画面設定] → [画面消灯] の順にタップします。

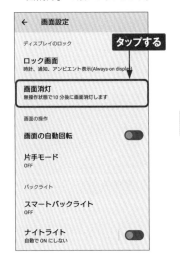

2 画面が消灯するまでの時間をタップします。

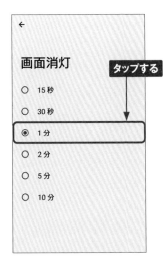

MEMO 画面消灯後のロック時間の変更

画面のロック方法がロックNo. ／パターン／パスワードの場合、画面が消灯した後、ロックがかかるまでには時間差があります。この時間を変更するには、P.177手順**1**の画面を表示して、[画面のロック] の右横の⚙をタップし、[画面消灯後からロックまでの時間] をタップして、ロックがかかるまでの時間をタップします。

ロックの解除方法を設定する

画面ロック解除の操作方法は、標準ではスワイプですが、パターン、ロックNo.、パスワードのいずれかと、指紋認証（P.180～181参照）を設定することができます。ロック画面にどのように通知を表示するかも同時に設定しておきましょう。

1 アプリ画面で「設定」をタップし、[セキュリティ] → [画面のロック] の順にタップします。

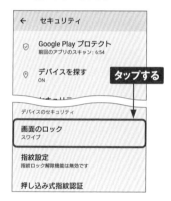

2 [ロックNo.]をタップします。なお、[パターン] をタップするとパターンでのロックが、[パスワード] をタップするとパスワードでのロックを設定できます。

3 4桁以上の暗証番号を入力し、[次へ] をタップします。次の画面で同じ暗証番号を入力し、[確認] をタップします。

4 ロック画面での通知の表示方法をタップして選択し、[完了] をタップします。

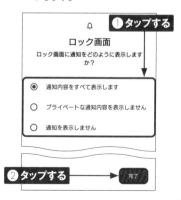

5

「設定」アプリ

信頼できる場所でロックを解除する

Smart Lock機能を使うと、自宅や職場などの信頼できる場所で、画面のロックが解除されるよう設定できるため、都度ロック解除の操作が必要なくなります。また、本体を身に付けているときや、指定したBluetooth機器が近くにあるときなどに、ロックを解除するようにも設定できます。なお、あらかじめ画面のロック（P.177参照）を設定していないとSmart Lockは設定できません。

1 アプリ画面で［設定］をタップし、［セキュリティ］をタップします。

2 ［セキュリティの詳細設定］をタップします。

3 ［Smart Lock］をタップし、次の画面で、設定してあるロック解除の操作を行います。

4 ここでは、場所を設定してロックを解除します。［OK］をタップして、［信頼できる場所］をタップします。

5 ［信頼できる場所を追加］をタップします。

6 現在地が表示されます。現在地を登録するなら、［この場所を選択］→［OK］の順にタップします。地図はドラッグして場所を移動できますし、上部の「検索、アシスタントと音声」の欄をタップして、住所を入力することもできます。

7 P.178手順 **4** の画面で、［持ち運び検知機能］をタップし、［持ち運び検知機能を使用する］をタップしてオンにすると、持ち運び中はロックが解除された状態になります。

8 あらかじめ別のデバイスとBluetoothでペアリングしておき（P.158参照）、P.178手順 **4** の画面で、［信頼できるデバイス］をタップし、［信頼できるデバイスを追加］をタップすると、接続時はロック解除できるデバイスを設定できます。

5

「設定」アプリ

画面ロックの解除に指紋認証を設定する

Xperia 5 Vは電源キーに指紋センサーが搭載されています。指紋を登録することで、ロックをすばやく解除できるようになるだけでなく、セキュリティも強化することができます。

1 アプリ画面で［設定］をタップし、［セキュリティ］をタップします。

Q 設定を検索

🖼 **壁紙**
ホーム、ロック画面

🕈 **ユーザー補助**
スクリーンリーダー、表示、操作

タップする

🔒 **セキュリティ**
指紋設定

🔒 **プライバシー**
権限、アカウント アクティビティ、個人データ

📍 **位置情報**
ON - 5 個のアプリに位置情報へのアクセスを

2 ［指紋設定］をタップします。

📍 **デバイスを探す**
ON

🔲 **セキュリティ アップデート**
2023年10月1日

🔄 **Google Play システム アップデート**
2023年4月1日

デバイスのセキュリティ

タップする

画面のロック
なし

指紋設定
指紋ロック解除機能は無効です

押し込み式指紋認証

3 画面ロックが設定されていない場合は「画面ロックの選択」画面が表示されるので［指紋＋ロックNO.］をタップして、P.177を参考に設定します。画面ロックを設定している場合は入力画面が表示されるので、P.177で設定した方法で解除します。

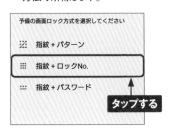

予備の画面ロック方式を選択してください

⋮⋮ 指紋 + パターン

⋮⋮⋮ 指紋 + ロックNo.

⋯ 指紋 + パスワード

タップする

4 「指紋の設定」画面が表示されるので、［もっと見る］→［同意する］→［次へ］の順にタップします。

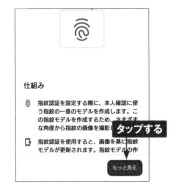

仕組み

🔒 指紋認証を設定する際に、本人確認に使う指紋の一意のモデルを作成します。この指紋モデルを作成するため、さまざまな角度から指紋の画像を撮影し **タップする**

🔲 指紋認証を使用すると、画像を基に指紋モデルが更新されます。指紋モデルの作

もっと見る

5

5 いずれかの指を指紋センサーの上に置くと、指紋の登録が始まります。画面の指示に従って、指をタッチする、離すをくり返します。

🔒
指紋の登録
同じ指で繰り返しセンサーに軽く触れ、振動したらそのたびに離してください。

ステップ1. 認証時に触れる指紋中央部を登録
ステップ2. 周辺部を登録

6 「指紋を追加しました」と表示されたら、[完了] をタップします。

指紋を追加しました
指紋認証は、スマートフォンのロック解除やアプリの本人確認に使用する回数が増えるにつれて、精度が向上します

タップする

他の指紋を追加　　　　　　完了

7 指紋が追加されます。ロック画面を表示して、手順**5**で登録した指を指紋センサーの上に置くと、画面ロックが解除されます。

←

指紋設定

📇　指紋 1　　　　　　🗑

＋　指紋を追加

ⓘ
指紋を使ってスマートフォンのロック解除や本人確認（アプリへのログインなど）を行えるようにします。

MEMO　Google Playで指紋認証を利用するには

Google Playで指紋認証を設定すると、アプリを購入する際に、パスワード入力のかわりに指紋認証が利用できます。指紋認証を設定後、Google Playで画面右上のアカウントアイコンをタップし、[設定] → [認証] → [生体認証] の順にタップして、画面の指示に従って設定してください。

認証
指紋認証、購入時の認証方法　　　　　∧

生体認証
このデバイスでの Google Play からの購入

購入時には認証を必要とする
このデバイスでの Google Play からのすべての購入

5

「設定」アプリ

画面の明るさを変更する

ディスプレイの明るさは手動で調整できます。使用する場所の明るさに合わせて変更しておくと、目が疲れにくくなります。暗い場所や、直射日光が当たる場所などで利用してみましょう。

1 ステータスバーを下方向に2回スワイプして、クイック設定パネルを表示します。

スワイプする

2 ◎を左右にドラッグして、画面の明るさを調節します。

ドラッグする

MEMO 明るさの自動調節のオン／オフ

アプリ画面で[設定]をタップし、[画面設定]→[明るさの自動調節]の順にタップすることで、画面の明るさの自動調節のオン／オフを切り替えられます。オフにすると、周囲の明るさに関係なく、画面は一定の明るさになります。

「設定」アプリ

電話番号やMACアドレスを確認する

電話番号は、「設定」アプリのデバイス情報で確認できます。新しい電話番号に変えたばかりで忘れてしまったときなどに確認するとよいでしょう。Wi-FiのMACアドレスもここから確認できます。

1 アプリ画面で [設定] をタップし、[デバイス情報] をタップします。

2 「電話番号」で電話番号を確認します。

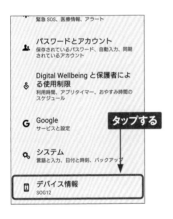

MEMO　Wi-FiのMACアドレスを確認する

IPアドレスやBluetoothアドレス、ネットワーク機器に割り当てられている個別の識別番号「デバイスのWi-Fi MACアドレス」も、手順 **2** の画面で確認できます。

最近の機器は、Wi-Fi MACアドレスのランダム化がデフォルトでオンになっています。Wi-Fiルーターなどで、MACアドレスのフィルタリングが有効になっている場合は、P.51の手順 **2** の画面で [詳細オプション] をタップし、「プライバシー」の設定を [デバイスのMACにを使用] にします。

5

「設定」アプリ

緊急情報を登録する

「緊急連絡先」には、非常時に通報したい家族や親しい知人を登録しておきます。また、「医療に関する情報」には、血液型、アレルギー、服用薬を登録することができます。どちらの情報も、ロック解除の操作画面で［緊急通報］をタップすると、誰にでも確認してもらえるので、ユーザーがケガをしたり急病になったりしたときに役立ちます。また、緊急事態になった時や、事件事故に遭ったときには、緊急連絡先に位置情報を提供するように設定できます。

1 アプリ画面で「設定」をタップし、［緊急情報と緊急通報］をタップします。

2 ［緊急連絡先］をタップします。

3 ［連絡先の追加］をタップして、「連絡帳」から連絡先を選択します。

4 手順**2**の画面で［医療に関する情報］をタップして、必要な情報を入力します。

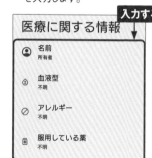

TIPS　緊急情報サービス

「緊急情報と緊急通報」からは、緊急情報の登録のほかに、次の機能の確認と設定を行うことができます。万が一の場合に備えて、ぜひとも確認しておきましょう。

・事件に巻き込まれた時に起動すると110番通報などをまとめて行う「緊急SOS」
・災害の通報や情報を受け取る「災害情報アラート」

「設定」アプリ

紛失した本体を探す

端末を紛失してしまっても、「設定」アプリで「デバイスを探す」機能をオンにしておくと、端末がある場所をほかのスマートフォンやパソコンからリモートで確認できます。この機能を利用するには、あらかじめ「位置情報の使用」を有効にしておきます。

「デバイスを探す」機能をオンにする

1 アプリ画面で「設定」をタップし、[Google] をタップします。

3 [OFF] になっている場合はタップしてオンにします。

2 [デバイスを探す] をタップします。

MEMO アプリを入手する

手順**3**の画面で [「デバイスを探す」アプリ] をタップすると、「デバイスを探す」アプリを入手できます。

185

ほかのAndroidスマートフォンから探す

1 ほかのAndroidスマートフォンで、「デバイスを探す」アプリ（P.185参照）をインストールして起動します。[ゲストとしてログイン]をタップします。なお、同じGoogleアカウントを使用している場合は[～で続行]をタップします。

2 紛失した端末のGoogleアカウントを入力し、[次へ]をタップします。

3 パスワードを入力し、[次へ]→[アプリの使用中のみ許可]→[同意する]の順にタップします。「2段階認証プロセス」画面が表示されたら、[別の方法を試す]をタップして、別の方法でログインします。

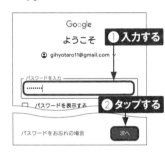

4 地図が表示され、端末の現在位置が表示されます。画面下部のメニューから、音を鳴らしたり、ロックをかけたり、データを初期化したりすることもできます。

TIPS iPhoneから探す

iPhoneでは「デバイスを探す」アプリが利用できないため、P.187を参考に、パソコンと同様の手順で探します。

■ パソコンから探す

1 パソコンのWebブラウザで、GoogleアカウントのWebページ（https://myaccount.google.com）にアクセスし、紛失した端末のGoogleアカウントでログインします。

2 [セキュリティ]をクリックし、[紛失したデバイスを探す]をクリックします。

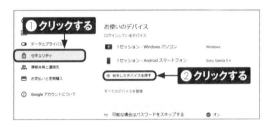

3 紛失したデバイスをクリックします。

4 画面左部のメニューから、着信音を鳴らしたり、ロックをかけたり、データを初期化したりすることもできます。

「設定」アプリ

本体ソフトをアップデートする

Xperia 5 Vには、本体機能の更新やセキュリティのために都度本体ソフトウェアの更新が提供されます。OS更新を伴わないソフトウェアの更新がある場合、Wi-Fiに接続していれば、自動的にダウンロードされ、深夜に更新が実行されることもありますが、更新を手動で確認することもできます。

1 アプリ画面で［設定］をタップします。

タップする

2 ［システム］をタップします。

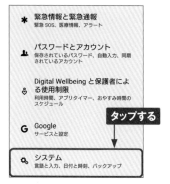

★ 緊急情報と緊急通報
緊急 SOS、医療情報、アラート

🔒 パスワードとアカウント
保存されているパスワード、自動入力、同期されているアカウント

Digital Wellbeing と保護者による使用制限
利用時間、アプリタイマー、おやすみ時間のスケジュール

G Google
サービスと設定

タップする

⚙ システム
言語と入力、日付と時刻、バックアップ

3 ［システムアップデート］をタップします。

システム

🖮 言語と入力

🗗 ジェスチャー

🕐 日付と時刻
GMT+09:00 日本標準時

タップする

⌾ バックアップ

🔂 システム アップデート
Android 13 に更新済み

{ } 開発者向けオプション

4 アップデートのチェックが行われます。アップデートがある場合、画面の指示に従い、アップデートを開始します。

🔂

システム アップデート利用可能

Android™ 14 OSアップデートがご利用になれます。

OSアップデートを実施することで、新機能の追加や操作性、機能、項目名称の変更などがございます。
事前にauのHPより、更新内容と注意事項をご確認のうえ、実施してください。
https://www.au.com/information/notice
_mobile/update/update-202401-sog12/

OSアップデート実施前に、データのバックア

5

初期化する

「設定」アプリ

Xperia 5 Vの動作が不安定なときは、初期化すると改善する場合があります。この場合、設定や写真などのデータがすべて消えるので、事前にバックアップを行っておきましょう。

1 アプリ画面で［設定］をタップし、[システム]→[リセットオプション]の順にタップします。

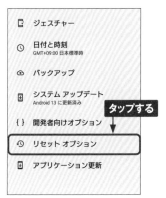

- ジェスチャー
- 日付と時刻
  GMT+09:00 日本標準時
- バックアップ
- システム アップデート
  Android 13 に更新済み
- {} 開発者向けオプション

タップする

- リセット オプション
- アプリケーション更新

2 ［全データを消去（出荷時リセット）］をタップします。

リセット オプション

ネットワーク設定のリセット

アプリの設定をリセット

タップする

ダウンロードされた eSIM を消去

全データを消去（出荷時リセット）

3 メッセージを確認して、［すべてのデータを消去］をタップします。

全データを消去（出荷時リセット）

この操作を行うと、以下のデータを含め、スマートフォンの内部ストレージの全データが消去されます。

・Google アカウント
・システムやアプリのデータと設定
・ダウンロードしたアプリ
・音楽
・画像
・他のユーザーデータ

M ＠yahoo.co.jp

タップする → すべてのデータを消去

4 ［すべてのデータを消去］をタップすると、初期化されます。

すべてのデータを消去しますか？

個人情報とダウンロードしたアプリがすべて削除されます。この操作を取り消すことはできません。

タップする → すべてのデータを消去

5

索引

190

お問い合わせについて

本書に関するご質問については、本書に記載されている内容に関するもののみとさせていただきます。本書の内容と関係のないご質問につきましては、一切お答えできませんので、あらかじめご了承ください。また、電話でのご質問は受け付けておりませんので、必ずFAXか書面にて下記までお送りください。
なお、ご質問の際には、必ず以下の項目を明記していただきますようお願いいたします。

1 お名前
2 返信先の住所またはFAX番号
3 書名
　（ゼロからはじめる　Xperia 5 V スマートガイド　[共通版]）
4 本書の該当ページ
5 ご使用のソフトウェアのバージョン
6 ご質問内容

なお、お送りいただいたご質問には、できる限り迅速にお答えできるよう努力いたしておりますが、場合によってはお答えするまでに時間がかかることがあります。また、回答の期日をご指定なさっても、ご希望にお応えできるとは限りません。あらかじめご了承くださいますよう、お願いいたします。ご質問の際に記載いただきました個人情報は、回答後速やかに破棄させていただきます。

お問い合わせ先

〒 162-0846
東京都新宿区市谷左内町 21-13
株式会社技術評論社　書籍編集部
「ゼロからはじめる　Xperia 5 V スマートガイド　[共通版]」質問係
FAX 番号　03-3513-6167
URL：https://book.gihyo.jp/116/

■ お問い合わせの例

```
              FAX

1 お名前
  技術 太郎

2 返信先の住所または FAX 番号
  03-XXXX-XXXX

3 書名
  ゼロからはじめる
  Xperia 5 V スマートガイド
  [共通版]

4 本書の該当ページ
  40ページ

5 ご使用のソフトウェアのバージョン
  Android 13

6 ご質問内容
  手順3の画面が表示されない
```

ゼロからはじめる Xperia 5 V スマートガイド　[共通版]

2024 年 3 月 8 日　初版　第 1 刷発行

著者	技術評論社編集部
発行者	片岡　巌
発行所	株式会社 技術評論社
	東京都新宿区市谷左内町 21-13
電話	03-3513-6150　販売促進部
	03-3513-6160　書籍編集部
装丁	菊池　祐（ライラック）
本文デザイン・DTP	リンクアップ
協力	楽天モバイル株式会社
編集	矢野　俊博
製本／印刷	図書印刷株式会社

定価はカバーに表示してあります。

ISBN978-4-297-13911-7 C3055

Printed in Japan